En finir avec le nucléaire

Pourquoi et comment

Benjamin Dessus
Bernard Laponche

En finir avec le nucléaire

Pourquoi et comment

Éditions du Seuil
25, bd Romain-Rolland, Paris XIVe

ISBN 978-2-02-105919-9

www.seuil.com

Il est temps

Le gouvernement allemand a officiellement approuvé le 6 juin 2011 la sortie du nucléaire d'ici 2022, suivant les conclusions d'une commission mandatée par le gouvernement dont le coprésident, Matthias Kleiner, a déclaré : « Fukushima a montré de façon dramatique comment un pays de haute technologie n'a pas été en mesure de faire face à une telle catastrophe. L'énergie nucléaire est une technologie comportant trop de risques pour nous et nos enfants » (Associated Press, 6 juin 2011). L'Italie a voté le 13 juin à une très forte majorité de ne pas revenir au nucléaire tandis que la Suisse a décidé la sortie.

Il n'est plus possible, malgré l'ostracisme d'une bonne partie de l'intelligentsia et du gouvernement français, de continuer à éviter un débat qui se développe dans la plupart des grands pays, y compris aux États-Unis. Ce débat atteint aujourd'hui, et c'est relativement nouveau, le milieu industriel lui-même. On a ainsi entendu Thomas O'Malley, le PDG d'Energy Group, l'un des principaux opérateurs d'électricité américains, déclarer que l'industrie nucléaire « était grillée », car devenue trop chère, pour expliquer sa décision de renoncer à un important projet de centrale nucléaire.

Bref, le gouvernement français, dans sa volonté de nier la nécessité d'un véritable débat citoyen sur cette question et faute d'envisager les évolutions stratégiques qui peuvent s'imposer, isole dangereusement la nation en se réfugiant dans une attitude hautaine et dépassée, au risque d'un profond et durable retour de bâton.

La France est, on le sait, le bastion le plus puissant et le dernier inconditionnel de l'utilisation massive de l'énergie nucléaire pour la production d'électricité, situation qui paraît paradoxale à beaucoup d'électriciens et d'économistes, lesquels vantent les systèmes basés sur différentes sources et techniques complémentaires. La transformation d'une technique pour « faire bouillir de l'eau » en symbole de la grandeur de la France laisse d'ailleurs pantois nombre d'observateurs étrangers qui ne comprennent pas comment on en est arrivé là.

Jusqu'ici, à part la décision en 1981 de ne pas construire de centrale nucléaire à Plogoff et, en 1998, celle du gouvernement de la Gauche plurielle d'arrêter définitivement Superphénix, le soutien sans faille des gouvernements français au programme électronucléaire n'est pas facile à expliquer, surtout à des étrangers, effrayés ou fascinés selon les cas, par cette étonnante « exception française ».

Cette hégémonie du nucléaire dans le système énergétique français est le résultat d'un long processus d'enchaînement de décisions politiques qui prend ses racines dans l'immédiat après-guerre et les années 1950 pour culminer au milieu des années 1970, à l'occasion « inespérée » du premier choc pétrolier, avec le lancement du « tout nucléaire » suivi de celui de Superphénix, puis de l'agrandissement démesuré de l'usine de retraitement des combustibles irradiés de la Hague.

Il est certain que les considérations militaires ont été déterminantes dans le développement du nucléaire en France. Si la construction des centrales nucléaires depuis les années 1970 a été déconnectée de cette préoccupation, à l'exception notable de Superphénix, les industries du combustible nucléaire et notamment la production de plutonium ne distinguent pas les aspects civils et militaires, tandis que le CEA (Commissariat à l'énergie atomique, récemment rebaptisé Commissariat à l'énergie atomique et aux énergies alternatives) reste responsable du développement des armes nucléaires.

La situation énergétique de la France est évidemment à considérer : les ressources énergétiques classiques du pays sont faibles (y compris le charbon si on compare à l'Allemagne ainsi qu'au Royaume-Uni à l'époque où cette énergie, remplacée ensuite par le gaz de la mer du Nord, y était dominante), et le risque pétrolier, accentué à la fin des années 1960 par le choix du pétrole pour la production d'électricité, était et reste bien réel. Mais si cet argument, utilisé à l'extrême et jusqu'au ridicule pour faire passer le programme nucléaire (« le nucléaire ou la bougie », « le nucléaire ou le chaos »), avait été réellement pris au sérieux, n'est-ce pas sur les transports que l'effort majeur aurait dû porter ? En effet, on peut produire de l'électricité avec bien d'autres sources énergétiques que le fuel lourd ou le nucléaire (charbon, gaz naturel, hydraulique, autres énergies renouvelables), alors que les transports, de passagers ou de marchandises, sont restés presque totalement dépendants des produits pétroliers.

L'obstination qui a présidé au développement, comme source quasi unique, du programme électronucléaire français, s'explique en dernière analyse par la centralisation du pouvoir d'État, qui a étouffé l'intervention citoyenne dans le débat énergétique. Tous les gouvernements, refusant leur responsabilité ou consentants, ont apporté un soutien sans faille à la stratégie industrielle napoléonienne d'une caste restreinte détenant le pouvoir des grands choix technologiques au sein de l'État (le gouvernement de la Gauche plurielle, Lionel Jospin étant Premier ministre, a cependant décidé l'arrêt définitif de Superphénix et n'a pas décidé la construction de l'EPR, contre le « lobby nucléaire »). L'alliance des grands corps d'État, au premier rang desquels le corps des Mines, des entreprises et organismes publics (EDF, CEA, plus tard Areva) et des préfets, est la première explication de la marche inexorable du programme électronucléaire français. Aujourd'hui s'y ajoute le mercantilisme, ce qui ne fait qu'aggraver la situation. Dans le secteur de l'énergie, les années 1970 ont été dominées par de fortes personnalités, « patrons » de l'EDF et du CEA, qui ont imposé leur vision de l'avenir (doublement de la consommation d'électricité tous les dix ans, développement massif du nucléaire au niveau mondial, y compris celui des surgénérateurs) et engagé le système énergétique français dans la monoculture nucléaire, faisant fi aussi bien des risques et des impasses (sûreté nucléaire, déchets radioactifs) que de l'éventail des possibles sur les évolutions énergétiques futures (efficacité énergétique, développement des énergies renouvelables).

Confrontés à cette situation, les deux principaux syndicats du secteur ont pris des positions contrastées. Le pacte entre la direction d'EDF et la CGT majoritaire dans l'entreprise est connu depuis la Libération, et il se confirme en 1975 pour la politique du tout nucléaire (et donc abandon du charbon). La CFDT est majoritaire au CEA, très critique vis-à-vis du programme nucléaire massif de 1974[1] auquel la Confédération s'opposera ainsi qu'au réacteur Superphénix décidé en 1976. De grandes manifestations soutiennent les grèves de Marcoule, la Hague et s'opposent à Superphénix. Rien n'y fait.

Bien entendu, cette conception oligarchique du pouvoir se reflète au niveau de l'information et du débat. En France, les entreprises du nucléaire, relayées par les dirigeants politiques actuels, ont pris le parti de vendre le nucléaire partout dans le monde, et l'information qu'elles dispensent avec des moyens considérables n'est qu'une publicité déguisée.

Alors que la question des enjeux de stratégie de développement aurait dû être traitée de façon normale et transparente, le nucléaire a été transformé en domaine réservé de la raison d'État, couvert parfois par le « secret défense » même dans ses applications civiles, où la moindre critique est considérée comme une attaque contre l'intérêt supérieur de la nation.

Aujourd'hui, l'attitude de fuite en avant et de négation des questions les plus évidentes posées à nouveau par la tragédie de Fukushima n'est plus supportable.

1. Publication de Syndicat CFDT de l'énergie atomique, *L'Électronucléaire en France*, Paris, Seuil, 1975 ; rééd. en 1980 sous le titre *Le Dossier électronucléaire.*

Nous avons entrepris la rédaction de cet ouvrage sur la base de l'expérience de nombreuses années d'analyse critique de la question nucléaire au regard des grands problèmes que rencontre l'évolution de l'humanité, dans le domaine de l'énergie, celui du climat, celui des risques technologiques majeurs comme des inégalités qui touchent tous les pays de la planète et surtout les plus pauvres.

Un premier chapitre, « Déblayer le terrain », permet de dénoncer un certain nombre d'arguments spécieux, faux ou exagérés, couramment utilisés pour justifier le tout nucléaire : indépendance énergétique, changement climatique, coûts du nucléaire, ambitions exportatrices…

Le second chapitre, « Pourquoi sortir du nucléaire ? », passe en revue et explicite les raisons d'en finir avec le nucléaire. Ce sont d'ailleurs très exactement les mêmes que celles qu'a mises en avant le gouvernement allemand depuis sa décision de 2000 : le risque d'accident grave, les déchets radioactifs et la prolifération des armes nucléaires.

Le troisième chapitre, « Le monde vers la transition énergétique », montre que les contraintes qui pèsent au niveau planétaire sur un approvisionnement basé presque exclusivement sur des sources d'énergie de stock, au premier rang desquelles le pétrole, sont telles que la poursuite des tendances actuelles est suicidaire. Hors de toute préoccupation particulière sur la question nucléaire, l'avenir est dans la sobriété, l'efficacité et les énergies renouvelables.

Le quatrième chapitre, « Les scénarios énergétiques »,

illustre, par de nombreux exemples de scénarios de prospective énergétique, certains relativement anciens (les années 1970), que si la transition énergétique est nécessaire, elle est également possible et porteuse de plus d'égalité, de moins de destructions environnementales et, tous comptes faits, moins onéreuse et porteuse de plus d'égalité et de paix. Il montre aussi que les scénarios les plus récents font une place très minoritaire au nucléaire.

Enfin, le chapitre cinq, « En France, sortir du nucléaire en vingt ans », présente les principaux éléments d'une sortie du nucléaire pour la France sur une période d'une vingtaine d'années, basée à la fois sur un programme important d'économies d'électricité, particulièrement gaspillée dans notre pays, un développement soutenu des énergies renouvelables et un arrêt définitif et progressif des centrales et usines nucléaires. Les éléments d'appréciation des coûts de cette transition énergétique montrent que, contrairement à ce qui est affirmé par les thuriféraires du nucléaire, le bilan économique et social d'un scénario de transition énergétique et de sortie du nucléaire dans vingt ans devrait être nettement positif, en particulier en termes de lutte contre la précarité et pour l'emploi.

En conclusion, « En finir avec le nucléaire » dénonce la politique actuelle d'obstination nucléaire et présente les éléments essentiels de la réussite d'une sortie du nucléaire en une vingtaine d'années :

- un programme ambitieux de réduction de la consommation d'électricité et de lutte contre la précarité énergétique ;
- le développement rapide de la production

d'électricité d'origine renouvelable et la mise en place de réseaux intelligents à l'échelle des territoires ;

- l'organisation d'une retraite réussie du nucléaire par l'arrêt progressif et définitif des centrales nucléaires et l'arrêt immédiat de la production de plutonium et de l'enfouissement en profondeur des déchets radioactifs, enfin une organisation sérieuse et respectueuse des conditions de travail, de la conduite des centrales et des installations en fonctionnement, ainsi que le développement d'une véritable filière du démantèlement des installations nucléaires ;
- une politique de coopération internationale pour construire ensemble la transition énergétique.

1

Déblayer le terrain

Malgré le choc de Fukushima, à entendre le lobby nucléaire et le gouvernement, il ne peut être question d'imaginer d'autre solution pour la France que la poursuite du nucléaire : indépendance énergétique, faible coût du kilowattheure, présence française sur les marchés étrangers, performances exceptionnelles de la France en termes d'émissions de gaz à effet de serre, une filière de démantèlement et de traitement des déchets que le monde entier nous envie, autant d'arguments supposés imparables.

Et puis, devant la montée éventuelle d'un doute dans l'opinion publique, « de toute façon, on ne peut pas faire autrement puisque nous sommes prisonniers à 80 % du nucléaire pour l'électricité ».

Notre président par exemple répète partout que la sortie du nucléaire multiplierait le coût de l'électricité par quatre pour nos concitoyens, sans le début d'une justification. Il fait irrésistiblement penser au capitaine de la *Chasse au Snark* à qui Lewis Carroll attribue cette parole définitive : ce que je dis trois fois est vrai…

La plupart de ces arguments relèvent en effet plus de la communication que de l'observation des faits ou d'un raisonnement cohérent et explicite.

L’indépendance énergétique ?

Depuis le début du programme lancé par Valéry Giscard d’Estaing, c’est l’argument massue que nous ressassent nos gouvernements successifs. Interrogé par le journal *Le Monde* sur le choix français du tout nucléaire, Valéry Giscard d’Estaing affirmait au lendemain de Fukushima : « Nous l’avons fait au nom de notre indépendance énergétique. Nous nous étions fixé comme objectifs de produire, en 1985, 78 % de notre électricité à partir des centrales nucléaires et de ramener notre dépendance énergétique globale à environ 50 %. La France a atteint ces objectifs. » Ce cocorico nationaliste repose pourtant sur une entourloupe qu’il faut dénoncer.

Le calcul officiel

À première vue pourtant, tout semble clair : le taux d’indépendance énergétique est défini officiellement en France, pour une année donnée, comme le rapport de sa production nationale à sa consommation totale d’énergie primaire, ces consommations étant exprimées toutes énergies confondues en tonnes-équivalent-pétrole (tep). Il suffit donc de regarder le bilan énergétique français par exemple en 2009, de faire quelques additions de ce que nous produisons en France et une division par ce que nous y consommons.

Nous savons bien que nous ne produisons presque pas de pétrole, ni de gaz, ni de charbon, au total moins de 3 Mtep. Nous produisons en revanche sur notre sol des énergies renouvelables :

- de l'énergie à partir de la biomasse (principalement du bois mais aussi des déchets organiques urbains ou agricoles) pour 14,4 Mtep ;
- un petit peu de chaleur solaire (les chauffe-eau solaires pour 0,17 Mtep) ;
- et de l'électricité renouvelable : hydraulique surtout, éolienne, solaire et géothermique, le tout pour 5,9 Mtep.

Mais nous produisons surtout 106,5 Mtep de nucléaire sur notre sol, un chiffre évidemment écrasant vis-à-vis des autres productions nationales.

Au total 129 Mtep d'énergie dite nationale pour une consommation totale des Français de 253 Mtep la même année, un taux d'indépendance de 51 %. Bravo la France !

Des unités spécifiques à chaque énergie

Chacune des formes d'énergie, comme les produits énergétiques et les sources d'énergie primaires susceptibles de les fournir, est mesurée avec une unité qui lui est particulière, par commodité ou par tradition. Ces unités ne nous sont pas toutes familières, non plus que leur équivalence avec les quantités physiques (tonnes de charbon, litres d'essence, stères de bois, etc.) ou avec les unités qui apparaissent dans les factures d'électricité ou de gaz (kWh). La production pétrolière est souvent exprimée en « barils par jour », et le coût du pétrole brut en « dollars par baril » : 7,3 barils valent 1 tonne de pétrole, et une production de 1 baril par jour équivaut à 50 tonnes par an.

L'unité officielle de mesure des consommations d'énergie est le joule (J). On utilise aussi :

- le kilojoule, noté kJ qui vaut 1 000 joules ;

- le mégajoule, noté MJ qui vaut 10^6 joules (un million de joules) ;
- le gigajoule, noté GJ, qui vaut 10^9 joules (un milliard de joules) ;
- le térajoule, noté TJ, qui vaut $1\,0^{12}$ joules (mille milliards de joules).

Pour des raisons de commodité, on utilise une unité plus parlante, la « tonne équivalent pétrole », ou tep, choisie dans les années 1970 du fait de la position dominante du pétrole, encore vraie aujourd'hui (auparavant, et encore aujourd'hui en Chine par exemple, l'unité utilisée était la tec, « tonne équivalent charbon »). 1 tep = 41,8 GJ. On utilise aussi :

- la kilotep ou ktep (1 000 tep) ;
- la mégatep ou Mtep (10^6 tep) ;
- la gigatep ou Gtep (10^9 tep) ;

On utilise également, surtout pour l'électricité, l'unité d'énergie kilowattheure (l'énergie produite ou consommée par un appareil de 1 kilowatt pendant une heure), qui vaut 1 000 watts-heure, et est noté kWh, ou ses multiples le mégawatt-heure, ou MWh, qui vaut 1 000 kWh, le gigawatt-heure ou GWh, qui vaut 1 000 MWh, le térawatt-heure ou TWh, qui vaut 1 000 GWh ou 1 milliard de kWh. 1 million de joules (1 MJ), vaut 0,2778 kWh.
Attention, il ne faut pas confondre le kilowatt (kW), qui est une unité de puissance, avec le kilowattheure (kWh) qui est une unité d'énergie.

Dans le cas de l'uranium, c'est la quantité de chaleur produite dans le réacteur nucléaire qui est comptabilisée en énergie primaire (souvent incorrectement qualifiée « électricité primaire »). Dans les bilans énergétiques officiels, la quantité d'énergie primaire attribuée à la production d'électricité d'origine nucléaire et appelée « électricité primaire » est en fait la production de chaleur dans les réacteurs équipant les centrales nucléaires. Un bilan correct doit faire apparaître cette quantité comme énergie primaire associée à la source primaire « uranium » et la faire figurer dans la rubrique « importations ».

La comptabilité en tep des combustibles fossiles (ou du bois) pose peu de problèmes : les équivalences en tep sont calculées à partir des pouvoirs calorifiques de ces différents produits énergétiques.
Pour les productions et les consommations d'électricité ou de gaz mesurées en kilowattheures : 1 MWh = 1 000 kWh = 0,086 tep ; 1 TWh = 0,086 Mtep.

Une série d'entourloupes

L'uranium n'apparaît pas

La première curiosité des bilans énergétiques officiels est que l'uranium n'apparaît jamais : on parle de « nucléaire », comme s'il s'agissait d'une production directe d'électricité par un phénomène mystérieux au sein des réacteurs nucléaires. Or une centrale nucléaire est tout à fait comparable à une centrale à charbon par exemple : la chaleur, avant d'être transformée en électricité, au lieu d'être produite par la combustion du charbon, y est produite par la fission de noyaux d'uranium. La matière première à la base de la production d'électricité d'origine nucléaire est bien l'uranium, et sa contribution en termes d'énergie primaire est la quantité de chaleur produite dans le réacteur (celui-ci est d'ailleurs souvent appelé « chaudière nucléaire »). Historiquement, cette disparition de l'uranium est sans doute liée au fait qu'il s'agissait d'une matière stratégique militaire. Mais on est allé jusqu'à appeler « électricité primaire » la chaleur produite par cet uranium, ce qui est absolument faux. Dans les bilans énergétiques officiels, la quantité d'énergie primaire attribuée à la production d'électricité d'origine nucléaire et appelée « électricité primaire » est en fait la production de chaleur dans les réacteurs équipant les centrales nucléaires. Un bilan correct doit faire apparaître cette quantité comme énergie primaire associée à la source primaire « uranium » et la faire figurer dans la rubrique « importations ».

Or l'uranium est entièrement importé

Si les centrales nucléaires sont bien implantées sur le sol de France, il se trouve que, depuis plus de vingt ans, nous ne produisons plus un seul kilo d'uranium sur le sol national. Curieuse indépendance donc qui repose entièrement sur un approvisionnement extérieur dont la sécurité d'approvisionnement est discutable lorsqu'il provient du Niger ou du Kazakhstan, où il donne lieu à des exploitations minières pharaoniques.

Origine de l'approvisionnement d'uranium d'Areva en 2009	**Tonnes**
Canada	5 200
Kazakhstan	1 550
Niger	1 940
Total	8 690

Source : « Nucléaire : le déclin de l'empire français », Global Chance.

Si l'on refait le calcul du taux d'indépendance réel en reconnaissant que l'uranium de nos centrales est importé, le taux chute au niveau beaucoup moins glorieux de 8,9 % (22,5 / 253) !

Mais qu'en était-il au moment où Giscard d'Estaing lançait son grand programme d'indépendance énergétique ? En 1975, par exemple, la France produisait 43 Mtep d'énergie sur son sol, dont 4,8 de nucléaire (avec de l'uranium français à l'époque), 9,1 de biomasse, 5,2 d'hydraulique et près de 24 Mtep d'énergies fossiles (surtout du charbon et du gaz). Pour une consommation nationale de 165 Mtep, le taux d'indépendance officiel était donc de 26 %. C'est quand même 2,9 fois mieux qu'aujourd'hui… Pas de quoi pavoiser donc.

On nous dit aussi que le coût du combustible uranium pèse peu dans le coût de production du nucléaire, et que l'impact d'une difficulté d'approvisionnement qui doublerait ou triplerait le prix du combustible n'aurait que peu d'effet. Ce serait peut-être vrai pour un usage en base (en continu). Mais en France, du fait de l'ampleur du programme d'équipement, le nucléaire participe bon gré mal gré au suivi de charge saisonnier. Les tarifs « d'été » (avril-octobre) offerts aux industriels gros consommateurs se réduisent en conséquence au coût marginal de combustible, et c'est un élément essentiel, d'ailleurs controversé, de la stratégie de pénétration du marché par les producteurs. On voit bien qu'une pareille augmentation bouleverserait toute la stratégie tarifaire de ces derniers et saperait en profondeur les marchés énergétiques auxquels s'adresse le nucléaire. Affirmer que le nucléaire construit l'indépendance énergétique française constitue donc un grave abus de langage.

Et le pétrole, et le gaz ?

Mais au moins, se dit-on, on a certainement dû réduire notre dépendance au pétrole, au moins par rapport à nos voisins qui affichent des productions beaucoup plus faibles d'électricité nucléaire ? Là aussi le bilan est décevant : entre 1999, année où ils ont décidé de leur politique de sortie du nucléaire, et 2009, les Allemands ont vu baisser leur consommation de pétrole de 24 %. Sur la même période, la France, malgré l'importance de son parc nucléaire, l'a vu baisser de la moitié seulement (12 %). En 2009, la consommation finale de pétrole par habitant est même un peu plus élevée en France (1,06 tep) qu'en Allemagne (1,01), au Royaume-Uni (0,99) ou en Italie (0,92) où le nucléaire est pourtant absent.

Mais que se serait-il donc passé si l'on n'avait pas de parc nucléaire en France et que l'on produisait notre électricité de base à partir de gaz naturel dans des centrales à cycle combiné, la solution privilégiée aujourd'hui en Europe pour éviter d'émettre trop de CO_2 ? En 2009, le nucléaire a produit 409 TWh électriques, dont 45 TWh ont été exportés, et 15 ont été dépensés par Eurodif. Pour satisfaire les besoins français sans nucléaire, il aurait donc fallu produire 350 TWh (voir le bilan électrique 2009 de la France en annexe 1) dans ces centrales dont le rendement atteint 58 % et importer 52 Mtep de gaz naturel. La consommation française d'énergie primaire serait tombée à 198,5 Mtep au lieu de 253 Mtep en 2009, et l'indépendance énergétique aurait gagné 2,3 points, atteignant 11,2 % au lieu de 8,9 % ! Autrement dit, en important tout le gaz naturel nécessaire au remplacement du parc nucléaire, notre taux d'indépendance réel serait 26 % plus élevé qu'il n'est aujourd'hui !

Tout cela montre surtout que l'affichage d'un critère unique pour mesurer notre sécurité énergétique est beaucoup trop sommaire. L'appréciation de notre indépendance nécessite plus de subtilité, avec une analyse multicritère à décliner par source d'énergie.

La dépendance au pétrole qui représente 41 % de la consommation énergétique finale de notre pays est la plus porteuse de risques, que ce soit par rapport à l'approvisionnement physique et aux ressources mondiales, à l'augmentation des prix d'importation, aux risques géopolitiques. Ensuite, le fait qu'en France les trois quarts de la production d'électricité repose sur l'énergie nucléaire et un seul type de réacteur (à eau ordinaire sous pression et uranium enrichi) introduit une « fragilité énergétique » qui n'est absolument pas prise en compte.

Un coût imbattable ?

C'est un des grands arguments de communication du moment. Et le président de la République de déclarer, le 3 mai 2011 à Gravelines : « Ceux qui veulent qu'on sorte du nucléaire, est-ce qu'ils seront prêts à expliquer aux Français que l'électricité leur coûtera quatre fois plus cher ? Est-ce qu'ils sont prêts à trouver les 45 milliards d'euros pour compenser ? C'est irresponsable. » Les Français déduiraient évidemment de ce discours que le kilowattheure qu'ils payent aujourd'hui autour de 12 à 13 centimes d'euros passerait à 50 centimes, si jamais on en arrivait là. Suivait cette évaluation surprenante de 45 milliards d'euros pour remplacer le parc actuel par d'autres moyens de production !

Mais 45 milliards d'euros pour 60 GW (gigawatt), cela ne fait guère que 750 euros par kilowatt, un coût ridiculement faible par rapport à celui de la construction du réacteur EPR qui semble avoir les faveurs du Président et dépasse dès aujourd'hui 3 700 euros le kilowatt. Le coût de remplacement du parc actuel par des EPR ne serait pas de 45, mais de plus de 200 milliards ! Des propos complètement contradictoires donc, et étrangement erronés.

Essayons d'y voir un peu plus clair

Dans un kilowattheure à 13 centimes d'euros environ aujourd'hui pour les particuliers, moins d'un tiers revient à la production d'électricité. Le reste couvre les frais de transport, de distribution, la marge d'EDF, sans compter quelques taxes. Et il est bien vrai que le nucléaire, dont le coût actuel est estimé par la Commission de régulation de l'énergie à 3,1 centimes d'euros se situe, avec l'hydraulique, dans le bas de la fourchette des coûts de production d'électricité « en base » (un fonctionnement continu tout au long de l'année).

Ce n'est pas surprenant puisque le parc nucléaire, comme le parc hydraulique, est largement amorti : l'âge moyen des cinquante-huit réacteurs est de vingt-cinq ans, et vingt d'entre eux dépasseront en 2011 leur durée de vie de trente ans prévue initialement. La première des centrales aujourd'hui en fonctionnement et dont la survie fait aujourd'hui débat, Fessenheim, aura trente-quatre ans cette année (voir annexe 2).

Il faudrait donc, si l'on voulait maintenir à tout prix

le nucléaire, soit rénover ce parc vieillissant, soit mettre en chantier de nouveaux réacteurs, les fameux EPR. C'est alors que tout change.

Le coût de l'EPR

L'EPR (European Pressurized Reactor) est un réacteur à eau ordinaire sous pression et uranium enrichi de 1 600 MW électriques en construction à la centrale nucléaire de Flamanville. Alors que le coût d'investissement initial de l'EPR était encore estimé par EDF à 3,4 milliards d'euros (G€) et celui de son kilowattheure à 4,6 centimes en juillet 2008, il a été réévalué à 4 G€ et 5,6 centimes en décembre 2008, à 5 G€ en juillet 2010, et à 6 G€ en juillet 2011, sans évaluation correspondante des conséquences sur le coût du kilowattheure.

Curieusement d'ailleurs, comme l'a bien montré Arnulf Grübler de l'IIASA (International Institute for Applied Systems Analysis), le coût d'édification du parc nucléaire français constitue un exemple unique et étonnant de « désapprentissage en marchant » comme le montre la figure ci-dessous[1].

Dans la très grande majorité des cas l'apprentissage industriel s'accompagne, au fur et à mesure du développement des marchés, de gains substantiels sur les coûts unitaires de fabrication. Les effets de taille, les effets de série, comme l'expérience acquise, contribuent à cette baisse des coûts. Pour le nucléaire, nous sommes dans une situation paradoxale : l'expérience, l'effet de

1. « The Cost of the French Nuclear Scale-up : A Case of Negative Learning by Doing », *Energy Policy*, vol. 38, 2010, p. 5174-5188.

taille, l'effet de série se révèlent incapables de juguler la hausse continue des coûts. Et l'EPR ne semble pas déroger à cette règle puisqu'il se place parfaitement sur la courbe de « désapprentissage » inquiétante qu'avait tracée Grübler en analysant les générations passées du nucléaire français.

Évolution du coût d'investissement nucléaire au cours du temps depuis 1977 (en francs 1998 par kW)

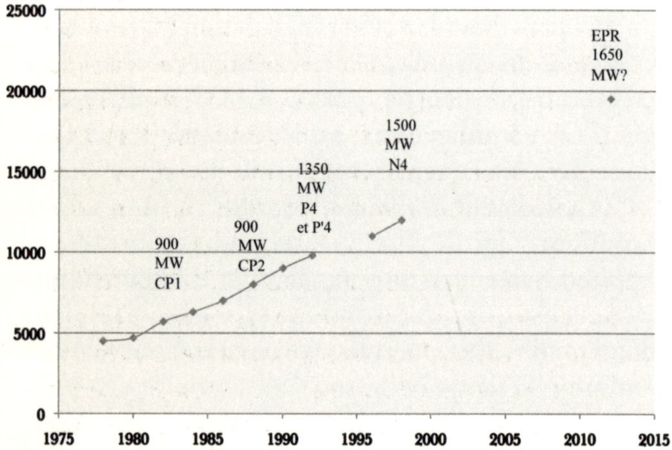

Autant dire que le coût du kWh de l'EPR se situera au minimum entre 6 et 7 ct / kWh, même si, par extraordinaire, il échappait au renforcement des règles de sûreté post-Fukushima.

Est-ce mieux pour le parc existant ?

Les premières estimations de réinvestissement par EDF pour la mise à niveau de sûreté des centrales du parc existant tournaient autour de 400 millions d'euros par réacteur de 900 MW et d'un total de 12,4 milliards d'euros. Deux ans plus tard, l'électricien public portait déjà la note globale à 35 milliards d'euros.

Mais on sait bien que l'accident de Fukushima entraînera de nouvelles contraintes pour le parc existant : renforcement de l'enceinte de confinement des réacteurs pour résister aux chutes d'avion, confinement des piscines de stockage de combustibles des centrales et peut-être de la Hague, protections contre les inondations, etc. Il est plus que probable que l'addition dépasse largement le milliard d'euros par réacteur. Le coût du kilowattheure atteindrait alors aussi environ 6 centimes.

Dans tous les cas, on peut donc s'attendre à un coût futur de production d'au moins 6 ct/kWh pour le nucléaire. C'est d'ailleurs parfaitement cohérent avec l'augmentation de 25 à 30 % en quelques années, réclamée par EDF (+ 3 ct à + 3,6 ct pour un particulier), en la justifiant par la nécessité de réhabilitation du parc nucléaire.

Des impasses supplémentaires majeures sur la fin du cycle

Mais ce coût futur ne tient la route qu'en faisant semblant de croire que le démantèlement du parc actuel, la gestion des déchets et leur stockage en sous-sol profond ne coûteront pas plus cher que celui qui est affiché.

Le démantèlement

EDF affirmait en 2000, mais sans le justifier, au moment où l'un d'entre nous, avec J.-M. Charpin, commissaire au Plan et R. Pellat, haut-commissaire à l'énergie atomique, préparait un rapport au Premier ministre Lionel Jospin sur l'économie prospective de la filière électrique française[1], que le démantèlement coûterait environ 15 % du coût d'investissement du parc de centrales. En 2003, dans ses « coûts de référence », le ministère de l'Industrie reprenait cette estimation sans la discuter. À 1,5 milliard d'euros d'investissement par réacteur, cela faisait 220 millions pour le démantèlement et, pour l'ensemble du parc français, une douzaine de milliards d'euros. Mais les premiers démantèlements d'installation, qui se sont révélés bien plus complexes et beaucoup plus onéreux que prévu, laissent penser que ces coûts sont très sous-estimés, comme le montre le cas de Brennilis, centrale de 70 MW électriques en Bretagne (monts d'Arrée), équipée d'un réacteur à uranium naturel, eau lourde, gaz (CO_2), démarrée en 1968 et arrêtée définitivement en 1985. Le coût du démantèlement en cours de Brennilis est aujourd'hui estimé à 482 millions d'euros, soit vingt fois supérieur à celui prévu par la Commission PEON (Production d'électricité d'origine nucléaire). Quand on sait que le Royaume-Uni envisage un coût

1. J.-M. Charpin, B. Dessus, R. Pellat, *Étude économique prospective de la filière électrique nucléaire*, Paris, La Documentation française, 2000.

de l'ordre de 2,9 milliards d'euros par réacteur pour son démantèlement, soit près de quinze fois plus, on peut se poser quelques questions sur ce pourcentage forfaitaire magique de 15 % de l'investissement initial.

D'autant que la stratégie des acteurs ne cesse de varier. Après avoir longtemps défendu l'idée de n'engager le démantèlement des parties les plus chaudes des réacteurs qu'après un délai d'une trentaine d'années pour laisser diminuer la radioactivité ambiante, EDF a changé son fusil d'épaule. Pour le chantier de Brennilis qu'elle présentait comme un chantier pilote, elle a opté en 2008 pour un démantèlement beaucoup plus rapide, sur quinze ans, mais se trouve aujourd'hui devant de nouvelles difficultés, en particulier parce qu'il n'existe pas de site de stockage pour les déchets de ce démantèlement...

Le stockage des déchets

De même, en quelques années, l'évaluation par l'ANDRA (Agence nationale pour la gestion des déchets radioactifs) de l'investissement du stockage géologique, imposé par la loi de 2006 comme solution définitive au stockage des déchets à haute et moyenne activité et à longue durée de vie, est passée de 15 à 35 milliards d'euros. Et nous n'en sommes pas encore au chantier qui ne démarrerait pas avant une dizaine d'années...

Contrairement aux propos répétés mais non démontrés du lobby nucléaire et de nos gouvernants, on peut donc être à peu près sûr que le mégawatt-heure nucléaire coûterait en France dans quelques années au moins deux fois plus cher qu'aujourd'hui, voire plus.

Émissions de gaz à effet de serre : un brevet de vertu pour la France grâce au nucléaire ?

Depuis le début des années 1990, la France évoque régulièrement, comme l'une des justifications majeures de l'ampleur de son programme nucléaire, l'argument des économies d'émission de CO_2. Nicole Fontaine, en 2003, alors ministre de l'Industrie, affirmait, lors de la clôture du débat sur les énergies qu'elle venait d'animer : « Les risques de la filière nucléaire doivent être comparés à ceux que fait peser sur notre planète l'effet de serre : c'est bien entre deux inconvénients qu'il faudra choisir. » Areva communique sur le thème en déclarant qu'une centrale à charbon de 1 000 MW émet environ 6 millions de tonnes de CO_2, et une centrale nucléaire de même puissance quasiment rien. 40 % de réduction de nos émissions de gaz à effet de serre en France, tel est le chiffre inlassablement répété pour montrer le caractère incontournable du programme nucléaire français.

Là encore, nous sommes dans la « communication », pas dans la réalité.

Les émissions de CO_2 du nucléaire

Il est bien vrai qu'un réacteur nucléaire émet beaucoup moins de CO_2 qu'une centrale à charbon ou une turbine à gaz, même si l'on tient compte des émissions qu'entraîne la construction des centrales, l'extraction de l'uranium, la préparation du combustible nucléaire, le retraitement et la gestion des déchets.

On recense plus de cent études, mais aucune en France, sur cette question controversée, puisque les résultats dépendent à la fois du périmètre considéré pour la filière, des échelles de temps prises en compte et de la nature des énergies mises en jeu au cours des différentes étapes du cycle de vie d'un réacteur. Les plus sérieuses de ces études conduisent à des émissions par kilowattheure nucléaire de 20 à 90 g de CO_2, bien inférieures à celles de centrales à charbon (950 à 1 050 g) ou des cycles combinés à gaz (400 à 450 g) qui se répandent rapidement en Europe.

À quoi compare-t-on ?

Pour répondre à la question des émissions évitées par le nucléaire français, encore faut-il expliquer par quoi on le remplacerait. Avec l'hypothèse d'un remplacement complet du parc nucléaire nécessaire à la consommation française par un parc de centrales à charbon, cumulée avec celle d'émissions nulles du nucléaire, on obtient une émission supplémentaire de 390 millions de tonnes de CO_2 s'ajoutant aux émissions nationales (550 millions de tonnes) qui passeraient ainsi à 940 Mt. C'est ce qui fonde le fameux chiffre de 40 % de réduction.

Mais cette hypothèse est évidemment très orientée.

Avec l'hypothèse d'un remplacement du parc nucléaire par la meilleure technologie actuelle de production d'électricité à base d'énergies fossiles, le cycle combiné à gaz naturel, qui se développe à grande allure en Europe en remplacement des centrales à charbon, les émissions supplémentaires pour couvrir les besoins français seraient de 113 à 142 Mteq CO_2 (millions de tonnes équivalent CO_2), selon le chiffre retenu pour les émissions du nucléaire. Les 350 TWh d'électricité qu'il aurait fallu produire à base de gaz naturel dans des cycles combinés de 58 % de rendement, conduisant à des émissions de 430 g par kWh, auraient produit 150 Mteq de CO_2. Les 409 TWh de nucléaire émettent 8 à 37 Mteq de CO_2. Au total les émissions supplémentaires seraient de 113 à 142 Mteq. Ces émissions représenteraient alors 17 à 21 % des émissions totales françaises.

Pour faire un calcul complet il faudrait enfin tenir compte du bilan effet de serre des produits que nous importons et que nous exportons. La fabrication de ces produits a consommé de l'énergie et provoqué des émissions de CO_2. L'INSEE en a dressé le bilan et estime les émissions supplémentaires ainsi provoquées à 140 Mt de CO_2.

Finalement les émissions évitées par le nucléaire tombent autour de 15 %.

Bien évidemment, si une partie de ce parc nucléaire était remplacée par de l'électricité renouvelable (éolien, solaire, hydraulique, biomasse), la part des émissions de CO_2 du parc électrique dans le bilan français tomberait encore bien en dessous de ces valeurs.

Par conséquent, s'il est bien vrai que la filière nucléaire apporte des réductions significatives d'émissions de gaz à effet de serre en France, il faut cependant en relativiser l'importance. Les chiffres raisonnables de réduction d'émissions d'une stratégie alternative, même sans recours aux énergies renouvelables, sont moitié moindres que ce qu'affirme le lobby nucléaire. Ce n'est évidemment pas négligeable, mais ce n'est pas un effet aussi massif qu'on nous le dit.

Et dans le monde…

Au niveau mondial, la production nucléaire actuelle, de l'ordre de 2 600 TWh, permet d'éviter moins de 2 milliards de tonnes de CO_2 qui auraient été autrement produites par des centrales à charbon ou à gaz. C'est moins de 5 % des émissions totales de gaz à effet de serre actuelles. Et dans ses projections les plus enthousiastes, qui datent d'avant Fukushima, l'Agence internationale de l'énergie (AIE) n'imagine pas une contribution supérieure à 6 % du nucléaire à la solution de la question climatique en 2050.

Des marchés juteux ?

Au début des années 1970 le démarrage du programme électronucléaire français s'est produit dans une ambiance très particulière dont nous n'avons plus conscience aujourd'hui. Les prévisionnistes officiels, en France comme au niveau international, misaient sur une augmentation exponentielle des besoins énergétiques de la planète. C'est l'époque où Marcel Boiteux, directeur général d'EDF, soutenait sa célèbre loi d'un doublement tous les dix ans de la demande d'électricité en France, loi qui s'est vérifiée une seule fois, sur dix ans, dans les années 1960 et s'est effondrée ensuite. C'est aussi l'époque où EDF prévoyait une consommation de 1 000 TWh en 2000, consommation qui s'est révélée moitié moindre cette date atteinte (en 2009 elle n'était toujours que de 517 TWh). Il fallait donc d'urgence lancer un très grand programme français qui serait la tête de pont d'une activité intense d'exportation de centrales nucléaires à travers le monde.

Quarante ans plus tard, il faut bien se rendre à l'évidence : il a fallu à la France construire 58 réacteurs sur son sol pour en exporter 11 au cours des quarante dernières années. Le nucléaire est donc resté un marché domestique.

Dans le nouveau contexte créé par l'émergence d'une forte concurrence des pays d'Asie (Japon, Corée, Chine) en plus de celle des États-Unis et de la Russie, la claque infligée à l'industrie française à l'occasion de l'appel d'offres d'Abu Dhabi où des réacteurs coréens ont été préférés à l'EPR, et plus généralement la faiblesse des commandes françaises en cours confirment cette situation de déclin. Et évidemment, la catastrophe de Fukushima n'arrange pas la situation. L'annonce par Areva le 10 mai dernier de la suspension des travaux destinés à accueillir sur son site de Northrop aux États-Unis une usine de gros composants nucléaires (un investissement de 360 millions de dollars) « jusqu'à ce que les perspectives du marché américain se redressent » en dit long sur ses perspectives réelles d'exportation à moyen terme.

Avec un chiffre d'affaires de l'ordre de 9 milliards d'euros en 2010, Areva reste un acteur modeste par rapport aux principales entreprises énergétiques françaises, Total (160 G€), GDF-Suez (84,5 G€) ou EDF

(65 G€). Tout cela dans un marché mondial stagnant alors que celui des éoliennes (37 GW en 2009) ou du photovoltaïque (7 GW en 2009) affiche des taux de croissance insolents à deux chiffres.

Reste alors la dernière salve : « De toute façon nous ne pouvons pas faire autrement puisque nous sommes prisonniers à 80 % du nucléaire pour l'électricité. » Autrement dit, non seulement les risques sont très faibles, mais on ne peut plus faire autrement que de les assumer !

C'est ce que nous allons examiner dans le chapitre suivant.

2
Pourquoi sortir du nucléaire ?

Les arguments fallacieux ou exagérés étant écartés, il n'en reste pas moins que les réacteurs nucléaires permettent de produire de l'électricité. Dès les années 1950, on a développé les premières centrales nucléaires productrices d'électricité. On pensait même alors qu'on allait produire de l'électricité tellement bon marché que ce ne serait plus la peine d'installer des compteurs ; il y avait une expression pour dire ça : *too cheap to meter.* Bien que les risques d'accidents et la production de déchets radioactifs ne fussent pas ignorés, ces questions seraient réglées par la science et les ingénieurs, croyait-on, et c'est plutôt sur des considérations économiques et de puissance industrielle que se firent les choix. De fait, c'est dès l'origine que l'on aurait dû peser les risques intrinsèques liés à la libération de l'énergie nucléaire et se poser des questions sur la maîtrise d'une telle technologie, surtout à partir du moment où on prétendait en faire un usage courant et commercial planétaire.

C'est la prise de conscience de ces risques, la constatation dramatique de leurs occurrences et de l'impossibilité de les maîtriser qui conduit logiquement à la « sortie du nucléaire », pour trois raisons majeures : le risque d'accident grave, la production de déchets radioactifs et la menace aggravée du risque de prolifération des armes nucléaires.

Mais avant d'examiner ces différents aspects du risque nucléaire, expliquons brièvement ce qu'est un réacteur nucléaire.

Qu'est-ce qu'un réacteur nucléaire ?

Fission et réaction en chaîne

L'utilisation de l'énergie nucléaire est basée sur deux phénomènes physiques, la fission et la réaction en chaîne. La découverte de ces phénomènes est relativement récente : la fission a été découverte en 1938, et la première réaction en chaîne a été réalisée en 1942 dans le premier réacteur nucléaire (alors appelé « pile atomique »).

Tous les corps dans la nature sont constitués de molécules, édifices plus ou moins complexes d'atomes. Chaque atome est lui-même un assemblage de trois particules : proton, neutron et électron. Les protons et les neutrons, ou nucléons, sont soudés entre eux par des forces extrêmement puissantes, ou forces nucléaires, formant le noyau de l'atome, autour duquel gravitent les électrons. Les noyaux des éléments naturels sont en majorité stables. La fission spontanée, qui consiste en l'éclatement d'un noyau d'un élément de masse atomique élevée, est possible mais très rare dans la nature et ne concerne que quelques éléments à très longue durée de vie, les autres ayant eu le temps de disparaître.

Dans la croûte terrestre, on trouve du minerai d'uranium, élément chimique de numéro atomique 92, dit « naturel », qui est constitué de deux principaux isotopes : l'uranium-238 et l'uranium-235 (0,7 %)[1]. Ce dernier est « fissile », c'est-à-dire que, lorsqu'un noyau d'uranium-235 est percuté par un neutron venant de l'extérieur, celui-ci provoque la fission (éclatement) du noyau. C'est une explosion très violente qui produit des fragments de l'ancien noyau et deux ou trois neutrons. L'énergie ainsi libérée par la fission, ou énergie nucléaire, est considérable à cette échelle. Les fragments produits par la fission deviennent les noyaux d'éléments plus légers dont les atomes se retrouvent dans un état instable : on les appelle produits de fission. Les deux ou trois neutrons produits par chaque fission peuvent à leur tour aller « fissionner » d'autres noyaux d'uranium-235, ces nouvelles fissions produisant de nouveaux neutrons, qui, à leur tour, vont impacter d'autres noyaux et ainsi de suite. C'est la « réaction en chaîne ». Pour qu'elle s'établisse, il faut rassembler en un même volume une masse suffisante de matériau fissile, selon une géométrie déterminée.

D'autres réactions nucléaires produisent à partir des noyaux des isotopes de l'uranium des éléments plus lourds, les transuraniens, par exemple le plutonium, dont certains isotopes (239 et 241) sont eux-mêmes fissiles (voir annexe 3).

1. Le nombre qui suit le nom de l'élément chimique est sa « masse atomique », autrement dit le nombre total de nucléons (protons et neutrons). Il permet de distinguer les isotopes : l'uranium-235 possède 92 protons et 143 neutrons, l'uranium-238 possède également 92 protons, mais 146 neutrons. Leurs propriétés atomiques sont les mêmes mais leurs propriétés nucléaires sont très différentes.

Production de chaleur…

Un réacteur nucléaire est tout à fait comparable à une chaudière classique. Au lieu d'être produite par la combustion du charbon, la chaleur y est produite par la fission de noyaux d'uranium et de plutonium, pour être ensuite transformée en électricité. Afin de réaliser la combinaison entre fissions et réaction en chaîne, on dispose du « combustible » sous forme de crayons ou de plaques de métal ou d'oxyde d'uranium, naturel ou légèrement enrichi (à plus forte teneur d'uranium-235). Comme il se trouve que plus les neutrons issus de la fission sont lents, plus ils produisent de fissions, on installe autour des crayons combustibles un « modérateur » ou ralentisseur de neutrons qui peut être du graphite, ou de l'eau ordinaire, ou de l'eau lourde (eau dans laquelle les atomes d'hydrogène sont remplacés par des atomes de deutérium). L'énergie communiquée aux produits de chaque fission se répartit dans le matériau sous forme de chaleur. On fait alors circuler entre les éléments combustibles, ou cœur du réacteur, un fluide réfrigérant (ou caloporteur) afin de récupérer la chaleur produite. Il existe différentes filières de réacteurs. Chacune est caractérisée par une combinaison combustible-caloporteur-modérateur qui lui est propre. Il existe également des filières de réacteurs sans modérateurs, ou réacteurs à neutrons rapides, dont faisait partie le surgénérateur Superphénix en France. Cette filière est très peu développée. Actuellement, dans le monde, la grande majorité des réacteurs équipant les centrales nucléaires productrices d'électricité sont de la filière à uranium enrichi et eau (ce fluide étant à la fois modérateur et caloporteur), qui se subdivise elle-même en réacteurs à eau sous pression (dont sont équipées toutes les centrales nucléaires françaises) et réacteurs à eau bouillante (dont était équipée la centrale accidentée de Fukushima).

... et d'éléments radioactifs

À l'intérieur des éléments combustibles, les produits de fission instables se transforment par des séries de réactions nucléaires qui émettent des rayonnements très dangereux (alpha : noyau d'hélium ; bêta : électrons ; gamma : photons). Les transuraniens produits dans le réacteur, et notamment le plutonium, sont également radioactifs.

Chaque élément radioactif contenu dans les combustibles irradiés est caractérisé par la nature de son rayonnement et sa « demi-vie », temps au bout duquel la moitié de cet élément a disparu (transformé en un élément stable non radioactif). Les demi-vies s'échelonnent de quelques secondes à quelques dizaines de milliers d'années : le plutonium-239 a une demi-vie de vingt-quatre mille ans et l'iode-131 de huit jours, par exemple (voir annexe 3).

Tous les isotopes du plutonium sont radioactifs, et le plutonium produit dans les réacteurs nucléaires est considéré comme l'élément le plus dangereux que l'on connaisse : la limite d'incorporation du plutonium par inhalation ou ingestion pour un adulte, déduite des limites fixées par les autorités de radioprotection pour le public, est d'environ 1 / 100 de microgramme.

Et comment on arrête un réacteur nucléaire ?

Les premiers neutrons nécessaires pour amorcer la réaction en chaîne dans le réacteur proviennent des rares fissions spontanées qui se produisent dans des noyaux d'uranium-238.

Le dispositif de réglage du niveau de puissance du réacteur est assuré par des barres de contrôle constituées de matériaux capturant fortement les neutrons (bore, cadmium). L'introduction de ces barres dans le réacteur permet de maintenir la réaction en chaîne à un niveau déterminé et de l'arrêter si cela est nécessaire. Le bon fonctionnement des barres de contrôle est donc indispensable pour éviter tout emballement de la réaction en chaîne qui pourrait aboutir à une fusion du cœur, voire à une explosion dans certains types de réacteurs, comme à Tchernobyl. L'emballement de la réaction en chaîne y a entraîné la destruction puis la fusion du combustible. Une première explosion a été identifiée comme explosion de vapeur. Pour la deuxième explosion, plus puissante, il s'agirait plutôt d'une explosion d'hydrogène.

Mais, même lorsque la réaction en chaîne et les fissions sont totalement arrêtées, il reste une production de chaleur considérable du fait de la désintégration radioactive des produits de fission antérieurs. Cette production de chaleur est de l'ordre de 7 % de la production de chaleur en fonctionnement normal juste après l'arrêt, puis elle décroît de façon progressive. Il est donc nécessaire de maintenir pendant des jours et des semaines le refroidissement du cœur, soit par le système normal de refroidissement, soit par un système de refroidissement de secours.

Lorsque le combustible n'est plus à même de fournir suffisamment d'énergie, il est retiré du réacteur : les combustibles usés ne sont pas des cendres inertes mais des déchets qui dégagent encore de fortes quantités de chaleur et restent radioactifs pendant des siècles, voire des millénaires pour certains composants.

Comment la catastrophe peut-elle arriver ?

Les dispositifs de protection

Des dispositifs considérables sont nécessaires pour que, en toutes circonstances, les éléments radioactifs contenus dans les éléments combustibles du réacteur ne puissent s'échapper et, par conséquent, irradier ou contaminer les travailleurs de la centrale et les populations environnantes. Dans les réacteurs à eau, cette protection est assurée par trois barrières : la gaine des combustibles, la cuve en acier contenant le réacteur et une enceinte de confinement en béton, simple ou double. En fonctionnement normal, la gaine constitue effectivement une barrière totalement étanche, mais les deux autres barrières sont traversées par de nombreuses portes de sortie : circuit primaire de l'eau dans les réacteurs sous pression qui va dans les échangeurs de vapeur constitués d'une multitude de tubes à fines parois, circuit direct de vapeur jusqu'à la turbine dans les réacteurs à eau bouillante, passages pour les barres de contrôle nécessaires pour l'arrêt de la réaction en chaîne, quantité de vannes et de soupapes, etc.

L'accident nucléaire

L'accident grave est un accident au cours duquel le combustible nucléaire est significativement dégradé par une fusion plus ou moins complète du cœur du réacteur. C'est donc la détérioration des gaines du combustible qui est à l'origine d'un accident grave, qui peut devenir une catastrophe si les deux barrières suivantes ne parviennent pas à contenir les éléments radioactifs à l'intérieur du réacteur. Dans ce cas, les produits radioactifs gazeux ou volatils sont les premiers à être dispersés dans l'environnement (iode-131, césium-137).

Dans une centrale nucléaire à eau, pressurisée ou bouillante, l'accident majeur résulterait de la perte de refroidissement entraînant une fusion partielle ou totale du « cœur » (ensemble des éléments combustibles) du réacteur nucléaire. Un tel accident peut résulter soit de la rupture de la cuve du réacteur ou d'une tuyauterie du circuit primaire, soit d'une défaillance grave du système de refroidissement.

Les causes de rupture ou de défaillance des systèmes de refroidissement imaginables peuvent résulter d'un sabotage, d'un séisme exceptionnel, de perturbations météorologiques extrêmes (inondations), de collisions externes non prévues (chute d'un gros avion par exemple), d'une accumulation d'erreurs humaines graves dans la conception, la construction ou la conduite de l'installation. On peut imaginer beaucoup de scénarios d'un tel accident, chacun ayant une probabilité très faible qui peut varier fortement au cours de l'Histoire : la prise en compte du risque de guerre ou d'attentat augmente considérablement les probabilités d'occurrence.

Le risque majeur est en grande partie lié aux possibilités de combinaison de différentes causes dans une dynamique d'accident : défaillance matérielle (milliers de systèmes électriques, électroniques et mécaniques) ; défaillance humaine (erreur de conception, difficulté de réponse à des événements imprévus, mauvaise transmission des compétences, faible qualité du contrôle et de la maintenance) ; agressions externes accidentelles (séisme, tempête, incendie, accident industriel extérieur à la centrale) ; actes de malveillance ou de sabotage, y compris informatiques ; conflits armés.

Or, on sait maintenant, depuis l'accident de Tchernobyl en 1986, en Ukraine (alors république de l'URSS), qu'un accident majeur de ce type dans une centrale nucléaire peut avoir des conséquences dramatiques, aussi bien sur la santé de centaines de milliers d'individus que sur l'environnement de régions très étendues. Les conséquences de Tchernobyl s'étendent dans l'espace, en particulier dans les territoires contaminés d'Ukraine et surtout de la Biélorussie dont on parle peu, et dans le temps, pour les centaines de milliers de « liquidateurs » qui ont été irradiés, comme pour les populations vivant dans des zones contaminées par les rejets radioactifs.

À Three Mile Island, en 1979, aux États-Unis, on s'est trouvé à la limite de la catastrophe (fusion partielle du cœur et dégagement d'hydrogène). La bulle d'hydrogène pouvait bien exploser, et le gouvernement a eu raison d'évacuer la population. Heureusement, cet accident n'a pas eu de conséquences autres qu'économiques et industrielles.

Tchernobyl

Le 26 avril 1986, suite à une série d'erreurs humaines, le réacteur n° 4 de la centrale de Tchernobyl explosait. Les deux explosions successives, ainsi que l'incendie qui s'est ensuivi et qui s'est prolongé pendant dix jours, ont projeté dans l'atmosphère une énorme quantité d'éléments radioactifs qui se sont répandus sur une zone très étendue, touchant principalement la Biélorussie, l'Ukraine et la Russie et, dans une moindre mesure, treize pays européens, et d'une manière encore plus dispersée, l'ensemble de l'hémisphère Nord.

Les deux principaux (mais non les seuls) éléments en cause sont l'iode-131 à durée de vie courte qui se fixe sur la glande thyroïde, et le césium-137 dont on considère que l'effet ne sera estompé notablement que d'ici trois cents ans. Outre la zone d'exclusion de trente kilomètres délimitée autour de la centrale et totalement interdite, 55 000 km² (équivalent à 1/10 du territoire français métropolitain), dont 25 000 de forêts, ont été contaminés par le césium-137 en Ukraine, soit 4,8 % du territoire, regroupant 12 oblasts (régions) et 2 300 villes et villages et abritant environ 2 millions de personnes. En Russie, ce sont 50 000 km² et 1,5 million de personnes qui sont concernés, les oblasts de Briansk, Orel, Kaluga et Toula étant les plus touchés. En Biélorussie, 2,1 millions de personnes, soit 20 % de la population dont 700 000 enfants, vivent sur les 18 000 km² les plus contaminés. 485 villages ont été évacués dont 70 ont été rasés et enfouis sous une couche de terre.

Source : La Documentation française, 2006.

La médaille commémorative frappée en 1996 par l'État ukrainien est accompagnée de l'inscription suivante : « Cette médaille est émise à l'occasion du dixième anniversaire de la plus grande catastrophe technique et écologique dans l'histoire de l'humanité, survenue à la centrale nucléaire de Tchernobyl le 26 avril 1986, afin d'alerter le monde sur le risque de semblables tragédies dans le futur. »

À Fukushima, en mars 2011, au Japon, des accidents majeurs se sont produits sur au moins trois réacteurs, mais il est encore beaucoup trop tôt pour en faire un bilan exact car ces accidents sont loin d'être terminés à l'heure où nous écrivons (été 2011), et encore moins pour dresser un bilan des conséquences sur la santé des populations, l'environnement terrestre et marin. Comme à Tchernobyl, cet accident, loin d'être terminé sur place, verra ses ondes de dégradation de l'environnement de la santé et de la vie humaine se propager dans le temps et dans l'espace.

De la probabilité à la réalité d'un accident majeur

L'évaluation de la sûreté des centrales nucléaires actuelles est fondée sur une approche probabiliste. L'objectif de la doctrine de sûreté française a toujours été affiché comme la recherche d'une conception et d'un contrôle permettant de garantir que la probabilité d'un « accident grave », avec destruction importante et fusion du cœur, reste inférieure à 10^{-5} (un cent-millième) par réacteur et par an (ou par année-réacteur) et que celle d'un « accident majeur », accident grave non maîtrisé conduisant à d'importants relâchements de radioactivité, reste inférieure à 10^{-6} (un millionième) par réacteur et par an.

Les probabilités d'accident ont été calculées à partir d'une série de scénarios considérés comme vraisemblables pour les ingénieurs chargés de la sûreté. Ce qui est inquiétant, car on peut juger de la fragilité de la méthode quand on constate qu'aucun des scénarios des trois accidents graves qu'a connus la production nucléaire (Three Mile Island, Tchernobyl et Fukushima) n'avait été imaginé par ces mêmes ingénieurs.

Le risque d'accident majeur dans une centrale nucléaire a été généralement considéré comme la combinaison d'un événement d'une gravité extrême et d'une très faible probabilité d'occurrence. Certes, la multiplication de zéro par l'infini pose quelques problèmes, mais les promoteurs du nucléaire, mettant en avant cette très faible probabilité, affirmaient « qu'il n'y avait aucun danger ». Si la gravité des conséquences d'un tel accident a bien été confirmée par Tchernobyl et Fukushima, que peut-on dire aujourd'hui de la réalité de son occurrence ?

Le parc actuel mondial de réacteurs des centrales nucléaires étant estimé à 14 000 années-réacteur, ce qui correspond à environ 450 réacteurs fonctionnant pendant trente et un ans, la probabilité affichée conduit à une occurrence de 0,014 accident majeur possible pour l'ensemble du parc et pour cette durée de fonctionnement (14 000 / 1 000 000 = 0,014). Occurrence très faible : l'accident majeur serait donc extrêmement improbable, voire impossible.

Mais, sur ce parc, quatre réacteurs ont de fait connu un accident majeur (un à Tchernobyl et trois à Fukushima). L'occurrence observée nous indique donc que le nombre d'accidents a été environ trois cent fois supérieur (4 / 0,014 = 286) à ce qui était « attendu » sur la base du calcul théorique des probabilités – au sens que Jacques Répussard, directeur de l'IRSN (Institut de radioprotection et de sûreté nucléaire), donne à ce mot dans un article publié dans *Le Monde* du 6 avril 2011 : « Sur le parc mondial, 14 000 années-réacteur sont déjà passées et les statistiques montrent qu'on est à 0,0002 accident nucléaire grave par an, 20 fois plus qu'attendu selon les études probabilistes... ».

Cet écart est considérable. Il nous montre que le calcul de probabilités est incapable de prendre en compte tous les facteurs de risque et en particulier le facteur humain, les phénomènes climatiques considérés comme impossibles, les actes de sabotage par des méthodes inconnues ou sous-estimées (notamment informatiques), voire les actes de guerre, et surtout la combinaison de différentes causes, ce qui se passe toujours dans un accident de ce type.

On est donc fort loin de l'accident très improbable. Et cela sans prendre en compte les piscines de stockage des combustibles irradiés, les usines de production et d'utilisation du plutonium, les transports et stockages des déchets radioactifs.

Il y a eu quatre accidents majeurs dans le monde depuis trente ans : c'est un avertissement sérieux pour l'Union européenne (143 réacteurs début 2011) qui représente un tiers du parc mondial et pour le parc français (58 réacteurs) qui en représente 13 %.

Plutôt que de continuer à calculer des probabilités irréalistes d'occurrence d'événements qu'on ne sait pas même imaginer, n'est-il pas temps de prendre en compte la réalité et d'en tirer les conséquences ?

Croyez-vous que, si on le disait comme cela aux Français, il s'en trouverait encore beaucoup pour faire l'impasse sur le risque au prétexte du « on ne peut pas faire autrement » ?

Transférons l'accident de Tchernobyl ou celui de Fukushima sur n'importe quel site de centrale nucléaire en France : les collectivités locales, nationales et européennes sont-elles prêtes à assumer ce risque ?

Un accident majeur en France ?

Vous n'y pensez pas ! Depuis une vingtaine d'années, les efforts constants de communication du gouvernement français et du lobby nucléaire avaient réussi à faire entrer dans la tête des Français l'idée qu'un accident majeur, dans un pays civilisé et développé comme la France, était tellement improbable qu'il devenait quasiment malséant, voire pitoyablement sectaire, d'en évoquer seulement l'idée. Tchernobyl était avant tout présenté comme un accident du régime soviétique, bien plus que comme une catastrophe nucléaire. La qualité des technologies occidentales et de leur organisation nous mettait totalement à l'abri de ce genre de situation.

La catastrophe de Fukushima, au cœur d'un des pays les plus développés de la planète et réputé pour son haut degré de culture technologique comme pour la qualité de son organisation industrielle, qui plus est au sein de la plus grande compagnie d'électricité du Japon, Tepco, desservant la capitale Tokyo et avec qui EDF entretient depuis longtemps des liens étroits, a donc créé un choc considérable.

Après avoir un temps tenté d'expliquer qu'il s'agissait seulement d'un accident consécutif au tsunami, que le terme de catastrophe était exagéré, que cet accident relevait de la catégorie des catastrophes naturelles plus que de défaillances de la technologie nucléaire, il a bien fallu se rendre à l'évidence : c'était bien un accident nucléaire majeur. Et le président de l'Autorité de sûreté nucléaire de déclarer dans le journal *Le Monde* du 30 mars que (comme il l'avait « toujours » dit !), « on ne peut garantir qu'il n'y aura jamais d'accident grave en France ». Le moins qu'on puisse dire cependant est qu'il ne l'affirmait pas, avant Fukushima, avec une vigueur particulière...

Mais, si l'on ne nie plus la possibilité d'un accident grave, tout au moins chez les responsables de la sûreté nucléaire, on continue à essayer de convaincre qu'un tel accident n'aurait pas de conséquences dramatiques parce que « toutes les précautions sont prises ». Quant à nos dirigeants, la plupart de leurs déclarations manifestent une totale ignorance du sujet.

Ainsi, dans le meilleur des cas, on peut entendre des phrases du genre : « Tout le monde a pu se tromper et laisser subsister des insuffisances... Elles seront corrigées... Nous allons tirer tous les enseignements de cet accident... De toute façon, on ne peut se passer du nucléaire. »

La dernière de ces allégations, très souvent entendue, signifie de fait que l'humanité devrait s'habituer à de telles catastrophes (assimilées à des catastrophes naturelles), sans doute environ tous les dix ans, tantôt dans un pays, tantôt dans l'autre, le rythme d'occurrence s'accroissant certainement avec le nombre de pays qui choisiraient de construire des centrales nucléaires.

Les deux premières allégations sont elles aussi communes, dans de très nombreux secteurs. Et pourtant, les avertissements et les études critiques n'ont pas manqué depuis les années 1970 : les travaux de la *Gazette nucléaire* du GSIEN (Groupement des scientifiques pour l'information sur l'énergie nucléaire), les livres *Questions sur le nucléaire*[1] et *L'Électronucléaire en France*[2] publiés en 1975, le remarquable *Les Jeux de l'atome et du hasard*[3], ainsi que les publications de Global Chance et de Wise-Paris, celles de Greenpeace…

Centrales et usines nucléaires actuelles

Le retour d'expérience de plusieurs centaines d'années-réacteur (fonctionnement d'un réacteur pendant un an) du parc français a conduit logiquement à renforcer constamment les règles de sûreté à appliquer sur les nouveaux matériels. C'est évidemment plus difficile pour les matériels les plus anciens, conçus il y a plus de trente ans, et qu'il n'est pas toujours possible de mettre aux dernières normes en vigueur.

Depuis les attentats du 11 septembre 2001, la menace terroriste est passée brusquement du statut spéculatif à la réalité. Il est évident que les réacteurs construits avant cette époque n'ont pas pris en compte ce genre de menace.

À preuve, l'attitude du gouvernement de l'époque

1. D. Pignon, P. Courrège, B. Drévillon, J.-P. Mandiburu, A. Roy, *Questions sur le nucléaire. Des risques d'accidents dans les centrales nucléaires*, Paris, Christian Bourgois, 1975.

2. Syndicat CFDT de l'énergie atomique, *L'Électronucléaire en France*, Seuil, 1975.

3. J.-P. Pharabod, J.-P. Schapira, *Les Jeux de l'atome et du hasard*, Paris, Calmann-Lévy, 1988.

quand Mycle Schneider a publié un rapport explicitant les conséquences probables de la chute d'un avion gros-porteur sur les piscines de la Hague. Il annonçait des conséquences plusieurs dizaines de fois supérieures à la catastrophe de Tchernobyl. Après quelques jours de stupeur, le ministère de l'Industrie tentait de minimiser les chiffres annoncés, qui restaient cependant considérables, et Lionel Jospin faisait de toute urgence installer des missiles pour défendre le site de la Hague…

Il suffit d'ailleurs d'observer le combat qu'ont mené avec succès en mai 2011 la France et le Royaume-Uni pour que les « stress tests » proposés par l'Union européenne ne comportent aucun item consacré aux questions de sécurité pour comprendre qu'aucune des centrales françaises ou anglaises actuelles ne résisterait au choc d'un avion gros-porteur bourré de kérosène.

Notons d'emblée ce paragraphe qui figure dans un rapport de recherche de l'IRSN[1], de 2006 : « La recherche concerne les réacteurs en fonctionnement et les réacteurs futurs. Les phénomènes de base sont les mêmes pour les réacteurs à eau sous pression actuels ou en projet. Toutefois, dans les centrales existantes, les accidents graves n'ont pas été considérés lors de leur conception. »

Contrairement à l'idée constamment proclamée par la communication du lobby nucléaire avant la catastrophe de Fukushima, de nombreux experts

1. *R & D relative aux accidents graves dans les réacteurs à eau pressurisée : bilan et perspectives*, Paris, La Documentation française, janvier 2007. Rapport rédigé conjointement par l'IRSN et le CEA (Commissariat à l'énergie atomique).

indépendants ont pointé suffisamment de défaillances inquiétantes en France même, depuis le démarrage de Fessenheim en 1978, pour que l'on puisse parfaitement imaginer un accident grave. Trois exemples récents : l'erreur de conception du circuit de refroidissement à l'arrêt des réacteurs du palier N4[1] (1998), l'inondation de la centrale du Blayais par la tempête de 1999 qui a failli compromettre le refroidissement des réacteurs, et le blocage possible en cas d'accident des vannes des circuits de refroidissement de secours des réacteurs du palier P'4[2] (2001).

Enfin, sur l'état de santé des centrales existantes, l'avis de l'IRSN[3] sur la tenue en service des cuves des réacteurs de 900 MW autorise une certaine inquiétude : « L'IRSN en conclut qu'à VD3 + 5 ans[4] le risque de rupture brutale n'est pas exclu pour les cuves des réacteurs de Dampierre 4, Cruas 1, Cruas 2, Saint-Laurent B1 et Chinon B2 en cas de situations incidentelles et accidentelles… Les marges à la rupture sont également insuffisantes à VD3 + 5 ans pour les cuves de Saint-Laurent B1 et de Bugey 5 qui sont affectées de défauts. »

La particularité française est que ces risques s'appliquent à des degrés divers à un nombre bien plus important de réacteurs que dans les autres pays européens : 58 réacteurs (voir annexe 2) en fonctionnement dont l'âge moyen atteint aujourd'hui vingt-cinq ans, dont 20 réacteurs qui dépasseront en 2011 leur durée de

1. Palier N4 : quatre réacteurs de 1 450 MW à Chooz et Civaux.
2. Palier P'4 : douze réacteurs de 1 300 MW à Belleville, Cattenom, Golfech, Nogent-sur-Seine.
3. Avis DSR/2010-153 du 19 mai 2010.
4. VD3 : troisième visite décennale.

vie de trente ans prévue initialement. Soit un réacteur pour 1,1 million d'habitants en France contre un réacteur pour 4,3 millions en Allemagne par exemple. Cela veut dire que les probabilités d'accident d'un type donné sont plus fortes en France qu'ailleurs en Europe et que leurs conséquences éventuelles concernent des populations plus importantes.

Et l'EPR ?

Quant à l'EPR, chevalier blanc de la sûreté nucléaire d'après ses promoteurs, il n'est que le dernier modèle des réacteurs à eau ordinaire sous pression. Il présente les mêmes risques intrinsèques que ses prédécesseurs. Il n'a encore jamais fonctionné, et son système de contrôle commande a fait l'objet d'interrogations conjointes de la part des trois autorités de sûreté de Finlande, France et Royaume-Uni.

L'innovation de sûreté considérée comme la plus emblématique est l'ajout sous le cœur du réacteur d'un « cendrier à corium ». Ce dispositif est supposé garantir qu'en cas de fusion des éléments combustibles, la masse des éléments en fusion, le corium, reste dans l'enceinte de confinement du bâtiment réacteur, permettant ainsi d'éviter des fuites radioactives massives hors de la centrale. Mais sa pertinence est contestée par de nombreux experts qui estiment qu'au contraire il pourrait provoquer de violentes explosions de vapeur, susceptibles de détruire l'enceinte de confinement.

L'avance revendiquée par Areva sur cette question de sûreté, devrait, si l'on en croit Nicolas Sarkozy, ouvrir un boulevard à ce nouveau réacteur de l'après-Fukushima sur le marché international : l'EPR atteindrait en effet un niveau de sûreté dix fois supérieur à celui des modèles précédents.

Mais cet objectif se paye d'un renforcement de la complexité, antinomique justement d'un gain de sûreté selon de nombreux experts. Et puis, des raisons économiques ont conduit à augmenter la puissance du réacteur de façon à pouvoir la pousser jusqu'à 1 800 MW. Les concepteurs ont tenté aussi de jouer sur l'efficacité du combustible avec un objectif sans précédent de la quantité d'énergie fournie par tonne de combustible et la possibilité d'un fonctionnement à 100 % de combustible MOX (oxyde mixte UO_2-PuO_2 à uranium appauvri et 7 à 9 % de plutonium). Ces deux dispositions renforcent les risques d'accident, en particulier l'usage massif de MOX dont le combustible irradié est beaucoup plus « chaud » car il contient davantage de plutonium, et beaucoup plus radiotoxique que le combustible UO_2 classique, puisque son taux d'activité est un million de fois plus élevé.

Enfin, pour ce qui est de la sécurité vis-à-vis des agressions terroristes, la question est tout simplement réglée par le « secret défense », comme l'ont bien montré en 2006 les démêlés de l'association Sortir du nucléaire. Elle avait eu l'audace de rendre accessible au public une note interne d'EDF, affirmant que l'EPR ne résisterait pas au choc frontal d'un avion gros-porteur. Cela n'a d'ailleurs rien de très étonnant puisque ce réacteur a été conçu quinze ans avant le 11 septembre 2001 et la prise de conscience qui s'est ensuivie. La réponse ne s'est pas fait attendre : la mise en examen de son porte-parole pour divulgation de secret défense et, bien entendu, motus complet sur la réponse à cette question légitime.

Après Fukushima la question se pose évidemment de savoir si la conception même de sûreté à partir d'une analyse probabiliste d'un risque majeur peut perdurer et même s'il n'existe pas une barrière infranchissable en matière de sûreté.

Une situation aggravante pour la sûreté : le combustible MOX

Un combustible MOX neuf est composé d'environ 7 % de plutonium issu du retraitement des combustibles irradiés et de 93 % d'uranium appauvri. L'activité alpha et bêta du MOX est complètement dominée par celle du plutonium. L'activité alpha est, elle, dominée par celle du plutonium-238, tandis que l'activité totale est essentiellement constituée par l'activité bêta du plutonium-241 (voir annexe 3).

L'utilisation du combustible MOX, outre les dangers présentés au stade du transport de plutonium et des installations de production de ces combustibles, présente des risques accrus dans le fonctionnement des centrales et en cas d'accident :

– du fait de sa plus grande radioactivité alpha, un élément neuf de combustible MOX a une température de surface (paroi de la gaine du combustible) de 80 degrés, alors qu'un combustible neuf à l'uranium reste à la température ambiante. Le maniement des combustibles neufs MOX nécessite donc des équipements particuliers et rend la manipulation des combustibles plus difficile lors du chargement et du déchargement ;

– la présence de combustibles MOX dans un réacteur qui contient déjà de l'uranium rend le contrôle plus délicat et réduit l'efficacité des barres de contrôle ;

– la température de fusion de l'oxyde de plutonium est plus basse que celle de l'oxyde d'uranium ;

– en cas de détérioration et de fusion des combustibles, le risque d'emballement de la réaction en chaîne, qu'on appelle le risque de « criticité », est plus grand car la masse critique du plutonium pouvant amener à une explosion atomique est le tiers de celle de l'uranium-235. Ce risque de criticité existe aussi dans les usines de fabrication du combustible MOX ou dans les usines de retraitement. Il est également présent dans les piscines de stockage des combustibles irradiés en cas de perte du refroidissement, de détérioration et de fusion de combustibles ;

– la quantité de plutonium est beaucoup plus importante dans un combustible MOX que dans un combustible uranium. En cas de détérioration ou de fusion du cœur, ou d'explosion ou d'incendie dans le cœur ou dans les piscines de stockage, la quantité de plutonium pouvant être projetée dans l'environnement, qu'il s'agisse d'un combustible usé ou plus encore s'il est neuf, sera donc beaucoup plus importante.

Non seulement le MOX rend donc le réacteur plus difficile à piloter mais encore, en cas d'accident, sa présence facilite la mise à nu des combustibles (davantage de chaleur, donc davantage d'évaporation de l'eau), la détérioration et la fusion des combustibles dans le réacteur lui-même et dans les piscines des combustibles irradiés. Enfin en cas d'émissions radioactives comme à Fukushima, des particules de plutonium peuvent être dispersées dans l'environnement. Du combustible MOX avait été chargé récemment dans des réacteurs japonais, dont le réacteur 3 de la centrale de Fukushima Daiichi au Japon. Tandis que le gouvernement japonais annonçait le 7 juin 2011 que les cœurs des trois réacteurs accidentés de cette centrale avaient fondu et que leurs cuves pouvaient être percées, des traces de plutonium ont été détectées pour la première fois sur le sol autour de la centrale.

L'arrêt de l'utilisation du combustible MOX et de l'extraction du plutonium des combustibles irradiés sont donc des mesures immédiates indispensables afin de réduire les risques d'accident grave.

Les déchets nucléaires : une question proprement réglée ?

Vous savez bien que les déchets nucléaires représentent le volume d'un dé à coudre par Français et que leur total tiendrait dans une piscine olympique ! Vous savez bien aussi que, grâce au retraitement, 96 % de nos déchets nucléaires sont recyclés, une performance que bien d'autres industries nous envient ! Quant aux 4 % qui restent, vous savez tout aussi bien que nous allons les vitrifier et les enfouir pour des milliers d'années, suffisamment profondément pour qu'on puisse les oublier totalement. Faites donc confiance à nos ingénieurs, ils ont vraiment tout prévu. On se demande bien pourquoi cette question continue à provoquer la polémique.

Une fois de plus c'est parce que le discours ne correspond pas à la réalité.

D'abord parce que, indépendamment des deux sites pour déchets de faible activité de la Manche et de l'Aube qui en contiennent respectivement 500 000 et 200 000 m^3, on assiste à une accumulation de déchets sans solution de gestion.

Mais surtout une série de déchets qui présentent une radioactivité plus élevée ou une durée de vie beaucoup plus longue ne disposent aujourd'hui d'aucune solution d'élimination et de stockage. Ils sont simplement entreposés, auprès des réacteurs et des usines, ou dans des sites dédiés, sous une forme plus ou moins correctement conditionnée : déchets faiblement radioactifs à vie longue (FA-VL), déchets de graphite des assemblages combustibles des réacteurs graphite-gaz de première génération, déchets moyennement actifs à vie longue (MA-VL), notamment les gaines de combustible usé et les boues de traitement d'effluents issues du retraitement, déchets hautement actifs à vie longue (HA), qui contiennent, sous forme de colis vitrifiés, les produits de fission et actinides mineurs séparés des matières fissiles (uranium et plutonium) après retraitement du combustible usé.

La gestion des déchets existants reste donc, plus de cinquante ans après le début de leur production à l'échelle industrielle, loin d'être aboutie.

Stockage direct ou retraitement ?

Les combustibles restent à peu près trois ans dans le réacteur. Quand on les en sort, ce sont des combustibles irradiés qui contiennent encore en majorité de l'uranium mais aussi des produits de fission et des éléments lourds, les transuraniens, dont le plutonium. Ils sont à la fois extrêmement radioactifs et extrêmement chauds. On les place alors dans des piscines, à côté des réacteurs, pour faire décroître leur température et leur radioactivité, et ils sont en permanence refroidis par circulation d'eau.

La solution adoptée dans la majorité des pays équipés de centrales nucléaires (États-Unis, Allemagne, Suède, Corée du Sud…) consiste à garder les combustibles irradiés en l'état, à les laisser dans les piscines de stockage, et plus tard éventuellement dans des sites de stockage à sec lorsque leur radioactivité et la chaleur qu'ils dégagent auront suffisamment diminué.

La France (la Hague) et le Royaume-Uni (Sellafield), en revanche, utilisent la technique du retraitement des combustibles irradiés provenant aujourd'hui essentiellement de leurs propres centrales. Mais aussi, dans le passé, pour des combustibles « étrangers » (Allemagne, Suède, Japon…). Cette technique consiste à séparer par voie chimique les trois grands composants du combustible irradié : uranium, plutonium, produits de fission plus transuraniens autres que le plutonium. Le plutonium est récupéré, l'uranium stocké et l'ensemble produits de fission et transuraniens hors plutonium est coulé dans du verre fondu et stocké (actuellement à la Hague).

Mais le retraitement des combustibles irradiés ne simplifie pas la question des déchets.

Le retraitement lui-même est une opération chimique complexe en milieu très radioactif, et l'usine de retraitement est à haut risque en termes d'accidents ou d'agressions potentielles (notamment sur les piscines de stockage des combustibles irradiés). D'autre part, cette opération émet des rejets gazeux et liquides dangereux pour la santé comme pour l'environnement : les autorisations de rejet de l'usine de la Hague sont jusqu'à mille fois plus élevées que celles qui s'appliquent à la centrale voisine de Flamanville. De même, les transports de combustibles irradiés des déchets radioactifs et du plutonium sont également des opérations à haut risque. Enfin, le retraitement multiplie les déchets radioactifs de natures diverses, à radioactivité faible mais suffisamment dangereuse pour que l'on se pose la question de leur stockage définitif.

Dans la mesure où tous les combustibles irradiés ne sont pas retraités, en particulier les combustibles mixtes uranium-plutonium (MOX), on doit alors prévoir à la fois des stockages pour les combustibles irradiés non retraités et pour les différentes catégories de déchets issus du retraitement.

À la fin du fonctionnement des centrales nucléaires, une nouvelle quantité considérable de matériaux radioactifs sera également à gérer : ce sont tous les déchets produits par le démantèlement des centrales nucléaires. En effet, les centrales nucléaires arrêtées restent des sites à risque radioactif qu'il faut démonter, détruire et dont il faut évacuer et stocker les débris radioactifs. Enfin, les mines d'uranium sont également des sites où, même après la fin d'exploitation (ce qui est le cas en France), le risque radioactif n'est pas négligeable.

Dans le meilleur des cas, l'opération qui consiste à isoler le plutonium pour ensuite produire du combustible MOX ne permet de réduire que de 15 % les déchets les plus actifs à très long terme (le plutonium et les actinides), ce qu'on appelle les déchets de type C. En revanche, elle entraîne une accumulation importante de déchets de moyenne activité, les déchets de type B. Le plutonium produit par l'opération, et censément destiné à être réutilisé, ne l'est en fait qu'en partie, de sorte qu'une quantité de plus en plus grande de plutonium non utilisé s'accumule, en dépit des déclarations d'intentions d'EDF. Fin 2010, le stock non réutilisé de plutonium, en croissance continuelle depuis 1987, était de l'ordre de 80 tonnes. Enfin, le combustible MOX, élaboré à partir du plutonium isolé lors du retraitement, n'est pas lui-même retraité, et nécessite environ cent cinquante ans de refroidissement en piscine contre cinquante ans pour les combustibles classiques, avant un éventuel stockage.

Les pays étrangers qui avaient vu dans le retraitement hors de chez eux des combustibles irradiés produits dans leurs centrales nucléaires le moyen de s'en débarrasser sont revenus de leurs illusions : l'Allemagne puis la Belgique ont décidé d'abandonner cette opération coûteuse et d'étudier le stockage direct de leurs combustibles irradiés (ce que font déjà le Canada, les États-Unis, la Suède, etc.). En France même, EDF se pose sérieusement – derrière le discours officiel – la question de l'abandon du retraitement, qui lui coûte cher et ne résout pas ses problèmes de déchets. Quant au Japon, après le démarrage d'une usine de retraitement pilote d'une capacité de 100 t/an (Tokaï Mura) en 1977, il devait également démarrer à Rokkasho une usine de retraitement construite depuis avril 1993 par Japan Nuclear Fuel Limited (JNFL) avec l'appui industriel d'Areva. Les reports de démarrage se sont multipliés et il était question récemment de mi-2015.

L'impasse sur la question des matières dites valorisables

Le bilan officiel des déchets ne porte que sur les déchets radioactifs reconnus comme tels par l'industrie et les pouvoirs publics, c'est-à-dire ceux qui n'offrent techniquement, dans l'état actuel des connaissances et de l'évolution du parc nucléaire envisagée par eux, aucune possibilité de réutilisation. Cette catégorie s'oppose aux matières valorisables, qui désignent l'ensemble des matériaux issus de la gestion passée ou actuelle, qui contiennent des quantités significatives de matières fissiles (susceptibles de donner une réaction de fission) ou fertiles (susceptibles d'être converties en matières fissiles). En pratique, ceci concerne l'uranium et le plutonium sous toutes leurs formes dans la chaîne de production, d'utilisation et de retraitement du combustible.

L'efficacité de la stratégie de retraitement est en général résumée par un chiffre lapidaire, décliné dans toute communication officielle sur le sujet : grâce au retraitement, « 96 % des matières du combustible usé sont recyclées » (soit 95 % d'uranium et 1 % de plutonium), ne laissant que 4 % de déchets « ultimes » vitrifiés et destinés au stockage géologique.

Mais cette présentation du bilan du « traitement-recyclage » ne reflète pas du tout la réalité puisque 97 % des matières entrant, à partir de l'uranium naturel, dans la chaîne du combustible en ressortent avec le statut de matières valorisables sans être le moins du monde valorisées dans les conditions industrielles actuelles.

La gestion actuelle conduit en fait à l'accumulation de stocks massifs de matières sous diverses formes : uranium appauvri, uranium de retraitement, plutonium séparé, combustibles UOX, URE et MOX irradiés, rebuts de fabrication de MOX, la plupart extrêmement radioactifs. Le plutonium directement utilisable pour fabriquer des bombes continue à s'accumuler à la Hague. Son stock atteignait plus de 80 tonnes fin 2010 (dont 18 appartenant à des pays étrangers qui ont fait retraiter leurs combustibles), de quoi fabriquer 9 500 bombes nucléaires, de l'aveu même de l'Agence internationale de l'énergie atomique qui considère que 8,5 kilos de plutonium de cette qualité sont suffisants pour fabriquer une bombe nucléaire. La réutilisation effective de ces stocks ne pourra certainement pas être assurée, pour la très grande majorité d'entre eux, dans le parc nucléaire existant. Elle dépend donc de la réalisation d'un hypothétique parc futur, qui est loin d'être acquise. Et, même dans l'hypothèse la plus favorable d'un parc de réacteurs à neutrons rapides dits de quatrième génération, fonctionnant à partir de 2040 comme sur des roulettes jusqu'à la fin du siècle, on n'arriverait pas à épuiser tous ces stocks. En attendant, ces matières sont bien là et leur stock s'accroît tous les ans avec les risques majeurs qu'elles constituent pour les populations et la paix.

Poursuite ou non de son programme nucléaire,

la France n'est donc pas prête à mettre en place des solutions définitives pour la gestion des stocks massifs de déchets à vie longue et de matières qu'elle continue d'accumuler sous le nom rassurant de « matières valorisables ».

Et les déchets ultimes ?

Quant aux 3 % qui eux sont reconnus comme « déchets ultimes », ils ne font l'objet d'aucune solution de stockage définitivement arrêtée et acceptée par le public et les riverains des installations éventuelles.

La solution officielle proposée en France est l'enfouissement en couches géologiques profondes. Au-delà de la discussion sur la fiabilité technique et de la robustesse à très long terme de cette technique, une telle décision pose un problème éthique majeur : a-t-on le droit d'enfouir ces matières extrêmement dangereuses pendant des millénaires ? Qui nous garantit l'état de notre pays dans mille ou deux mille ans ? Ne restera-t-il de cette opération dans la mémoire collective que l'idée qu'il y a en ce lieu quelque chose de très précieux qui a été enfoui il y a très longtemps et qu'il faudrait tenter de récupérer ? Gageons que si la solution de l'enfouissement était poursuivie, tous les pays désirant développer le nucléaire l'adopteraient avec enthousiasme : c'est la meilleure façon de les faire « disparaître sous le tapis ». Et l'on aurait ainsi, par-ci, par-là, des dépôts souterrains de déchets dont on ne connaîtrait plus, au bout d'un certain nombre de siècles, ni le contenu ni la dangerosité.

On entend cependant souvent l'argument suivant :

puisque l'énergie nucléaire est utilisée depuis plus d'un demi-siècle, les déchets nucléaires se sont déjà accumulés ; de toute façon, il faudra trouver une solution. Par conséquent, il ne servirait à rien, dans ce domaine, d'arrêter la production d'électricité d'origine nucléaire.

La première allégation est exacte. Il est vrai que la question des déchets a pendant très longtemps été considérée comme secondaire : on trouverait bien une solution…

Mais, justement, on sait maintenant que cette question est cruciale et que l'absence de solution satisfaisante est un argument supplémentaire pour ne pas poursuivre ce développement, surtout s'il avait vocation à s'étendre au cours du temps à de grandes quantités et à un grand nombre de pays sur la planète. Ceux qui n'ont pas encore utilisé cette technique ont la chance de ne pas être confrontés à cette difficulté. Ceux qui, comme la France, ont accumulé les déchets, doivent faire le maximum, en l'absence de solution satisfaisante, pour arrêter l'expansion des déchets et assurer au mieux, dans l'état actuel des connaissances, leur innocuité.

On devrait par ailleurs s'orienter, pour les déchets existants, vers des stockages à sec de longue durée en site protégé (en « subsurface » : stockage à sec accessible et réversible à flanc de colline pour éviter les inondations et sous une épaisseur de roche suffisante pour être à l'abri des agressions extérieures), en espérant que la recherche scientifique permettra un jour la neutralisation de ces déchets. C'est sans doute la moins mauvaise solution, mais il faut bien reconnaître qu'elle reste insuffisante.

Les Français n'ont donc pas tort de s'inquiéter.

La prolifération des armes nucléaires

Les premières techniques d'utilisation de l'énergie nucléaire ont été développées à des fins militaires au cours et à la suite de la Seconde Guerre mondiale. Dès le projet Manhattan aux États-Unis pour la production de la « bombe atomique », sont mises au point les techniques d'enrichissement de l'uranium (afin d'obtenir de l'uranium-235 presque pur), les réacteurs nucléaires pour produire du plutonium et la technique du retraitement pour extraire celui-ci des combustibles irradiés. Puis, toujours pour les besoins militaires, le réacteur à uranium enrichi et eau ordinaire sera développé dans les années 1950 comme moteur des sous-marins nucléaires américains (et aussi russes, anglais et, plus tard, français).

Les techniques utilisées pour la production d'électricité d'origine nucléaire sont directement issues de ces technologies militaires. En 1954, dans son discours *Atom for Peace*, Eisenhower, président des États-Unis, a ainsi défendu l'idée que les technologies mises au point à des fins militaires devaient désormais être mises au service d'usages civils ou pacifiques, pour la production d'électricité. Cette « rédemption » de l'atome par son utilisation civile était aussi une remarquable opération commerciale pour les firmes nucléaires américaines Westinghouse et General Electric. Cela a été également le cas dans des pays comme l'Angleterre et la France à partir de leurs propres techniques (les réacteurs à uranium naturel, graphite, gaz).

Si l'on peut considérer que, dans la plupart des pays,

les programmes civils de construction des centrales n'ont pas de lien direct avec les questions militaires, il en va tout autrement pour le combustible nucléaire.

Le grand argument utilisé par les promoteurs du nucléaire est « l'indépendance nationale ». Si l'on fait même abstraction de la façon dont le pays concerné se procure l'uranium naturel (entièrement importé de l'extérieur pour les pays européens), cette indépendance exige que le pays concerné maîtrise les technologies de fabrication du combustible et par conséquent la technique de l'enrichissement de l'uranium. La technique encore la plus utilisée actuellement est la diffusion gazeuse qui nécessite de grandes installations et de fortes consommations d'électricité ; la technique la plus simple est l'ultracentrifugation qui permet d'atteindre relativement facilement des taux d'enrichissement très élevés. Si le pays s'engage dans le retraitement des combustibles irradiés, toujours à des fins « civiles », il pourra produire du plutonium.

L'enrichissement permet de produire de l'uranium très enrichi en uranium-235, et le retraitement permet de produire du plutonium-239 presque pur : la maîtrise de ces deux techniques ou de l'une d'entre elles permet à un pays, lorsqu'il le décidera, de passer rapidement à la fabrication de « bombes atomiques ».

L'agression terroriste utilisant des matériaux nucléaires ou simplement des déchets radioactifs nécessite de se procurer ces matières par vol ou détournement. On comprend que, si des quantités considérables de déchets radioactifs ou de plutonium étaient transportées à travers toute la planète, une telle opération deviendrait de plus en plus aisée.

La propagation inconsidérée des technologies

nucléaires par leurs promoteurs risque donc d'accroître notablement le risque de conflit, de chantage ou d'agression nucléaire.

Il y a une première technique proliférante dont on pourrait immédiatement se passer par un accord international : c'est la production de plutonium par le retraitement. Mais la France et l'Angleterre continuent à retraiter, et le Japon cherche à démarrer sa propre usine, au moins jusqu'à ces temps derniers. La question de l'enrichissement est plus difficile à régler car pratiquement toutes les centrales nucléaires dans le monde fonctionnent à l'uranium faiblement enrichi.

Raison supplémentaire pour réviser de façon radicale les politiques énergétiques.

3

Le monde vers la transition énergétique

L'énergie dans le monde

Nous utilisons l'énergie sous différentes formes : la chaleur, le froid, l'énergie mécanique fixe ou mobile, la lumière, l'énergie électromagnétique, l'énergie chimique. Pour répondre à nos besoins d'énergie, nous consommons en fait des produits énergétiques – des combustibles, des carburants, de l'électricité – obtenus, directement ou après transformation, à partir de sources d'énergie présentes dans la nature.

Ces sources d'énergie dites primaires sont soit des énergies de stock, matières premières extraites de la croûte terrestre, soit des énergies de flux ou énergies renouvelables. Les sources d'énergie de stock sont d'une part les combustibles fossiles, produits par la compression et la fossilisation de la végétation lors des grands bouleversements telluriques (charbon, pétrole et gaz naturel) et, d'autre part, une source d'énergie fissile, l'uranium. Les sources d'énergie renouvelables sont l'énergie solaire, la biomasse (le bois, les déchets organiques agricoles et urbains), l'énergie hydraulique, l'énergie éolienne (utilisation de la force du vent), la géothermie (la chaleur du sous-sol), les énergies marines (des marées, des vagues, des courants et l'énergie thermique des mers).

En 2009, la consommation totale d'énergie primaire dans le monde a été de 12,2 milliards de tep, se répartissant ainsi : 33 % pétrole, 28 % charbon et lignite, 21 % gaz naturel, 6 % uranium, 10 % biomasse, 3 % d'électricité primaire (hydraulique, éolien, solaire photovoltaïque, géothermie) et 0,2 % de chaleur primaire (eau chaude solaire et géothermie). On voit que 88 % de cette consommation est assurée par les énergies de stock, dont 82 % d'énergies fossiles. Le pétrole reste la source dominante à 33 %. Les énergies renouvelables ne représentent que 13 %, dont 10 % de biomasse.

37 % de toute cette énergie primaire est consacrée à la production d'électricité, dominée par le charbon (41 %), suivi du gaz naturel (21 %), des énergies renouvelables (19 %, dont 16 % d'hydraulique), du nucléaire (13 %) et du pétrole (6 %). Contrairement à une idée largement répandue en France, la production électrique d'origine renouvelable mondiale est donc nettement supérieure à celle d'origine nucléaire.

Mais la vision d'une consommation d'énergie « mondiale » masque la réalité de grandes différences. En 2009, les consommations d'énergie primaire par habitant étaient les suivantes : États-Unis, 7,5 tep ; Union européenne (vingt-sept pays ou UE-27), 3,5 tep ; Chine, 1,6 tep ; Inde et Afrique subsaharienne, 0,5 tep. À l'intérieur de chaque pays, même le plus riche, la précarité énergétique touche les populations les plus pauvres.

Un réseau serré de contraintes

La poursuite des tendances actuelles de la consommation mondiale d'énergie conduit à une impasse : l'AIE elle-même, pourtant en général rassurante, déclare à propos de son scénario « tendanciel » : « Le futur énergétique que nous sommes en train de construire n'est pas durable. Poursuivre dans la même voie conduirait à des vulnérabilités économiques, environnementales et de sécurité énergétiques intolérables. »

En effet, quatre contraintes, chacune d'une amplitude croissante avec le temps, se manifestent dès aujourd'hui.

La contrainte économique qui porte à la fois sur les investissements de production d'énergie et sur les prix des énergies, et notamment du pétrole dont l'augmentation récente met déjà « à genoux » les économies les plus fragiles.

La contrainte des ressources : même si la question des ressources en hydrocarbures reste controversée, chacun sait qu'elles sont limitées et que la première moitié du XXIe siècle en verra très probablement la décroissance et, d'ici là, le renchérissement. On ne peut manifestement pas compter sur ces ressources à long terme, sauf pour le charbon : au niveau actuel de leur consommation annuelle, les réserves de pétrole sont de 45 à 50 ans, celles de gaz naturel de 60 à 70 ans, celles d'uranium de 50 ans (et donc beaucoup moins si le recours au nucléaire à l'échelle mondiale se généralisait), celles de charbon de 250 ans.

La contrainte de la sécurité énergétique : l'indépendance énergétique n'est pas un dogme mais les risques de rupture d'approvisionnement et l'ampleur de la facture énergétique fragilisent les économies. La très forte dépendance de certains secteurs à certaines énergies, comme les transports aux produits pétroliers, peut conduire à des crises majeures.

Les atteintes à l'environnement naturel, à la vie et à la santé humaine, causées par la production et la consommation d'énergie sont considérables. On pense à la pollution de l'air et de l'eau, aux accidents graves, depuis les marées noires ou les accidents nucléaires jusqu'aux accidents miniers. S'y ajoutent les risques de changement climatique qui mobilisent aujourd'hui la communauté internationale. On sait en effet que la poursuite des tendances actuelles multiplierait les émissions de gaz carbonique (CO_2), le gaz à effet de serre le plus important, par 1,5 à l'horizon 2030, sans oublier les émissions de méthane (CH_4), alors que le Groupe intergouvernemental d'experts sur l'évolution du climat (GIEC) demande une réduction d'un facteur 2 en moyenne des émissions mondiales de l'ensemble des gaz à effet de serre à l'horizon 2050 et d'au moins un facteur 4 dans les pays riches.

Le futur impossible

Et si tous les pays devenaient « développés » ? Il n'est pas nécessaire d'utiliser des modèles de calcul complexes pour comprendre que la poursuite du mode de développement actuel des consommations d'énergie nous conduit à une impasse.

En effet, aujourd'hui, la consommation d'énergie primaire par habitant des pays riches industrialisés atteint en moyenne 5,3 tonnes équivalent pétrole (tep) par an. Australie, Canada, États-Unis, Japon, Nouvelle-Zélande, Union européenne (quinze pays) ou UE-15, représentent 13 % de la population et 38 % de la consommation d'énergie primaire en 2008. Si, comme ce serait évidemment souhaitable, tous les pays du monde rattrapaient au XXIe siècle notre niveau de développement actuel, les 9 milliards d'habitants de la planète consommeraient 48 milliards de tep, contre 12,2 milliards aujourd'hui pour un monde de 6,7 milliards d'habitants.

Au vu des contraintes qui pèsent aujourd'hui sur les ressources énergétiques, il faudrait quatre « planètes Terre ». C'est impossible. Les pays de l'Organisation de coopération et de développement économique (OCDE) doivent donc impérativement réduire leur propre consommation. Les pays en développement et émergents seront conduits à augmenter la leur pour se développer, mais avec une efficacité et une sobriété bien plus grandes que celle des pays riches dans le passé et encore aujourd'hui.

Le nouveau paradigme énergétique

De l'offre à la demande d'énergie

Avec l'arrivée successive des sources d'énergie fossiles – charbon, pétrole, gaz naturel – sur le marché des pays industrialisés, le modèle de l'énergie inépuisable et bon marché s'est imposé. Pendant longtemps leur abondance est restée croissante et leur prix décroissant, au prix d'un accaparement des ressources mondiales.

Les pénuries énergétiques survenaient dans les périodes de guerre : pénurie de charbon en France durant la Première Guerre mondiale et pendant l'Occupation avec les « gazogènes » à bois équipant les camions et la relance du charbon de bois.

Le retour à la paix en 1945 signifie le début de la reconstruction : il faut de l'énergie. C'est l'époque de la relance du charbon, des grands chantiers hydrauliques et des logements. Parce qu'il faut construire vite et pas cher, on isole mal ces logements. En termes de consommation d'énergie, l'addition sera élevée, d'autant qu'on continuera à construire des logements mal isolés bien au-delà de la crise pétrolière de 1973.

Dans les années 1970, les chocs pétroliers provoquent quelques rationnements momentanés. L'effet majeur est une augmentation des prix du pétrole que les économies des pays industrialisés arrivent à absorber. Les hausses erratiques des prix du pétrole, liées beaucoup plus aux tensions internationales qu'à l'augmentation des prix de production, ont des effets destructeurs sur les économies des pays pauvres.

Mais que l'on ne s'y trompe pas, les « chocs pétroliers » ne constituent pas la crise énergétique majeure. La crise du bois de feu dans les pays les plus pauvres demeure la crise la plus aiguë car deux milliards d'humains n'ont toujours pas accès aux produits énergétiques modernes. C'est aux États-Unis, pays le plus riche de la planète, en pleine euphorie de la « croissance illimitée » des années 1950 et 1960 qu'apparaissent les premières mises en cause de la société de consommation. Les idéologies contestataires de Herbert Marcuse ou d'Ivan Illich[1] trouvent un profond écho dans les révoltes étudiantes du milieu des années 1960 et, en France, constituent l'une des dimensions de Mai 1968. Franck Schumacher montre que « passé un certain seuil, la croissance des valeurs marchandes engendre de plus en plus de dégâts sociaux, donc de moins en moins de valeur d'usage ».

Le rapport du Club de Rome publié en 1970, *Limits to Growth* (les limites de la croissance)[2], connaît un retentissement considérable. De plus en plus de gens prennent conscience que la planète Terre est fragile, que les ressources naturelles ne sont pas illimitées et que l'on ne peut pas les exploiter sans limites et sans risques. De nombreux ouvrages portent à la même époque (et c'est très nouveau) sur la Terre comme espace limité et fragile et non plus comme territoire illimité.

Inutile d'insister sur le peu de cas fait par les dirigeants politiques et économiques de l'époque de ces avertissements, à l'exception notable d'un commissaire européen, Sicco Mansholt. Ce mouvement se poursuit tout au long des années 1970, y compris dans les milieux de la production[3] : « Produire et consommer autrement » commence à avoir un sens.

L'augmentation des prix du pétrole et les menaces – en partie réelles, en partie manipulées – qui pèsent sur son approvisionnement sont à l'origine d'une nouvelle conception du développement énergétique.

1. Voir par exemple I. Illich, *Énergie et équité*, Paris, Seuil, 1975.
2. Publié en français par les éditions Fayard en 1972 sous le titre *Halte à la croissance ?* qui déforme un peu l'esprit de l'ouvrage.
3. Par exemple, l'ouvrage collectif de la CFDT, *Les Dégâts du progrès*, Paris, Seuil, 1977.

La première réaction est classique : c'est l'organisation de la pénurie, y compris par le rationnement. Mais, parce qu'ils en ont les moyens, à la fois politiques, techniques, économiques et organisationnels, les pays industrialisés occidentaux réagissent de façon plus constructive en infléchissant et en diversifiant leurs politiques de l'énergie dans deux directions.

L'une, considérée *a priori* comme la plus prometteuse, consiste à rechercher ou à développer d'autres sources d'énergie dont l'accessibilité soit moins risquée et le développement industriel économiquement abordable. C'est l'extension de la prospection et de l'exploitation pétrolière dans d'autres zones, le recours à des pétroles non conventionnels, schistes bitumineux et sables asphaltiques (on ne parle pas encore des gaz de schiste), l'extension des moyens de recherche sur les énergies renouvelables (solaire, biomasse), le recours au nucléaire dans certains pays, notamment en France.

L'autre est totalement novatrice dans son approche. Elle consiste à ne plus regarder la question énergétique comme relevant uniquement des conditions d'approvisionnement en produits énergétiques (l'offre) mais, tout autant, des conditions de la consommation et de l'utilisation de l'énergie (la demande). C'est la naissance du concept de « maîtrise de l'énergie » dont l'expression n'existe pas encore à l'époque.

Ce nouveau paradigme énergétique est développé par des pionniers comme Amory Lovins aux États-Unis. Son ouvrage *Stratégies énergétiques planétaires : les faits, les débats, les options*[1] peut être considéré comme le plus visionnaire et le plus global. Il est suivi de Gerald

1. Publié en France aux éditions Christian Bourgois en 1975.

Leach en Grande-Bretagne et des économistes de l'Institut économique et juridique de l'énergie (IEJE qui deviendra l'IEPE, Institut d'économie et de politique de l'énergie) de Grenoble en France[1].

En France, parallèlement aux politiques officielles mises en place dès 1974, une activité créatrice remarquable se développe à partir de la seconde moitié des années 1970 dans les milieux universitaires, syndicaux et associatifs. La floraison des Projets Alter régionaux, à partir du Projet Alter français (1978) en est l'illustration. Ces exercices de prospective, réalisés par des chercheurs indépendants, montrent que les mêmes besoins économiques et sociaux peuvent être satisfaits avec une consommation d'énergie très réduite, et que les quantités d'énergie nécessaires peuvent être fournies, en proportions croissantes, par des sources d'énergie renouvelables. Ces scénarios énergétiques combinant efficacité énergétique et énergies renouvelables, considérés à l'époque comme totalement marginaux, sont aujourd'hui admis comme la base de travail la plus sérieuse si l'on veut atteindre les objectifs de la lutte contre les changements climatiques liés à l'augmentation de l'effet de serre.

La vraie demande : le service énergétique

Les ménages, les entreprises, les collectivités locales, l'administration, n'ont pas tant besoin de produits

1. Notamment Jean-Marie Martin, Bertrand Château et Bruno Lapillonne : travaux sur la demande d'énergie et les modèles de prospective énergétique « à partir de la demande ».

énergétiques que de biens et de services indispensables au développement économique et social, au bien-être et à la qualité de vie.

Pour se procurer ces biens et ces services, il faut le plus souvent consommer de l'énergie. On les appelle des « services énergétiques ».

La consommation d'énergie dite finale, parce qu'elle se produit chez le consommateur, nécessaire pour assurer un service énergétique dépend de différents facteurs. Elle peut donc varier considérablement, pour un même service, en fonction de ces facteurs.

Le premier facteur caractérise le contexte dans lequel se place le service recherché : le climat qui entraîne un plus ou moins grand besoin du service confort, la nature du territoire et de son aménagement (zones urbaines, zones rurales, degré d'urbanisation, type d'habitat, etc.), les modes de transport (routier, ferroviaire, fluvial, etc.).

Le second facteur caractérise ce que nous appelons le comportement. Il englobe les modes de vie (*the american way of life* par exemple), les comportements d'usage, par exemple l'utilisation de la voiture pour les trajets courts au lieu de la marche à pied, et les comportements d'achat, liés au facteur précédent et au choix des appareils ou des équipements. Il s'agit aussi du comportement des dirigeants, qui prennent des décisions qui concernent aussi bien le contexte que le comportement.

L'expression même des besoins, mélange de mode de vie et de comportement, figure dans cette catégorie de facteurs avec des questions du type : « Avons-nous besoin de trois postes de télévision dans un appartement, ou d'un seul ? » Le concept de « sobriété », approfondi depuis plusieurs années par l'association NégaWatt, rassemble les différentes facettes d'un comportement moins prédateur vis-à-vis des ressources énergétiques.

Le dernier facteur est relatif aux appareils, à l'équipement et aux infrastructures utilisés pour obtenir le service demandé. Le confort domestique, par exemple, dépend des qualités techniques du logement, du moyen de chauffage et de rafraîchissement utilisé, de l'efficacité des appareils électroménagers, etc. De même pour les moteurs, les chaudières ou les fours industriels. On y trouve aussi la nature des infrastructures, les modes d'habitat (collectif ou individuel), les modes de transport (voiture, train, métro ou vélo), l'aménagement du territoire. Ce dernier facteur représente l'efficacité du système de consommation d'énergie.

On comprend que, en fonction des facteurs contexte, comportement, infrastructure et équipement, la consommation d'énergie finale nécessaire pour le service demandé puisse varier considérablement.

La réduction des consommations d'énergie finale entraîne la réduction des consommations d'énergie primaire, que celles-ci proviennent de productions nationales ou d'importations. Il en résulte moins d'investissements de production, moins d'importations de combustibles fossiles. Les ressources financières qui auraient été consacrées par le consommateur ou la collectivité à l'approvisionnement énergétique peuvent être affectées à d'autres besoins, et améliorer le contenu même de l'activité économique, construction de logements et d'équipements pour la santé et l'éducation, développement des transports collectifs, etc.

Ce facteur économique est particulièrement sensible en période d'augmentation des prix de l'énergie, et en particulier du pétrole, tant pour les États que pour les consommateurs.

D'autant que les investissements d'efficacité énergétique sont porteurs d'activité et d'emplois aussi bien industriels qu'artisanaux ou tertiaires : nouveaux matériaux de construction, équipements plus performants, réhabilitation thermique des bâtiments, installation de transports collectifs, développement de l'expertise et du conseil, structures de promotion et d'animation, etc.

Les conséquences favorables sur la qualité de l'environnement sont faciles à comprendre : l'énergie qui pollue le moins est celle qui, à service rendu égal, n'est ni consommée ni produite. Chaque fois que, pour un usage donné, on diminue la consommation d'énergie, on diminue les pollutions et les risques locaux liés au système énergétique, et on améliore l'environnement global.

Le nouveau paradigme énergétique consiste à concevoir le système énergétique comme englobant non seulement le secteur énergétique (l'offre) mais également la consommation d'énergie (la demande) et à assurer son développement de façon à assurer les services énergétiques dans les conditions optimales en termes de ressources, de coûts économiques et sociaux et de protection de l'environnement local comme global. S'y superpose, comme on l'a vu, la nécessaire solidarité entre pays riches et pauvres : une communauté de convergences énergétiques vers la sobriété et la durabilité est à rechercher au niveau planétaire.

L'expérience vécue dans les pays de l'Union européenne (des quinze) montre que, sans que l'on s'en

Une expérience de trente ans dans l'Union européenne : les « négajoules »

Après les augmentations du prix du pétrole sur le marché international en 1973-1974 (premier choc pétrolier) et surtout en 1979 (deuxième choc pétrolier), les pays de l'Union européenne (UE-15) ont réussi à préserver leur croissance économique en répondant à ces augmentations par la mise en œuvre de politiques d'efficacité énergétique.
La consommation par habitant d'énergie finale de l'UE-15 n'a en effet augmenté entre 1979 et 2007 que de 6 % alors que le produit intérieur brut (PIB à parité de pouvoir d'achat) par habitant augmentait de 67 %.
Si l'intensité énergétique finale – le rapport de la consommation d'énergie finale au PIB à parité de pouvoir d'achat – de l'UE-15 était restée sur cette période à son niveau de 1979, sa consommation finale totale d'énergie en 2007 eût été de 1764 Mtep (à comparer à 955 Mtep en 1979). Cette consommation a été en réalité de 1117 Mtep.
La différence entre ces deux consommations en 2007 représente les économies d'énergie sur la consommation d'énergie finale, réalisées du fait de la baisse de l'intensité énergétique : la quantité de « négajoules » ainsi gagnés est en 2007 de 647 Mtep, soit plus que la consommation de produits pétroliers la même année (523 Mtep).
L'économie d'énergie finale cumulée sur cette période de près de trente ans est de l'ordre de 5,8 milliards de tep.
Ces économies proviennent également en partie des modifications structurelles des économies des pays européens, mais une analyse fine montre que l'essentiel provient de l'amélioration de l'efficacité énergétique, tout particulièrement dans l'industrie et dans les bâtiments (qualité de la construction, performances des équipements).

rende vraiment compte et sans que cela ait soulevé la moindre objection, les choses ont évolué dans le sens d'une meilleure maîtrise des consommations d'énergie. Il s'agit aujourd'hui de changer de vitesse car les contraintes énergétiques et climatiques se sont aggravées. Il ne s'agit plus seulement de maîtriser les consommations d'énergie, mais de les réduire fortement pour répondre aux enjeux planétaires.

Le développement des énergies renouvelables

Le terme d'énergies renouvelables regroupe un ensemble de sources d'énergie inépuisables à l'échelle humaine, presque toutes issues, directement ou indirectement, de l'activité solaire :

- énergie solaire, convertible en chaleur ou en électricité ;
- énergie éolienne, tirée de la force du vent (qui résulte indirectement de l'action du rayonnement solaire sur les masses d'air et les océans) ;
- énergie hydraulique, tirée de la force mécanique des cours d'eau ;
- énergie marémotrice, obtenue à partir de l'amplitude importante des marées dans certains sites, sous l'action combinée des attractions lunaire et solaire ;
- énergie thermique des mers qui exploite les différences de température entre la surface et les couches profondes des mers tropicales ;
- énergie de la biomasse, celle que l'on peut tirer de la matière organique (plantes, arbres, déchets animaux, etc.), elle-même fabriquée grâce au soleil par photosynthèse ; cette source d'énergie

est effectivement renouvelable à condition que son potentiel soit conservé par reboisement. En outre, son utilisation ne doit pas limiter la quantité des terres consacrées aux besoins alimentaires ;
- géothermie qui exploite la chaleur du sous-sol terrestre, utilisée directement sous forme de chaleur ou transformée en électricité (géothermie « à haute température ») ; c'est la seule énergie qui ne provient pas de l'activité solaire.

Toutes ces énergies peuvent être transformées par des techniques plus ou moins complexes et à des niveaux très différents de maturité technologique, de développement industriel et de coût. Nous allons nous concentrer sur les couples source d'énergie-technique les plus utilisés actuellement.

L'utilisation la plus directe de l'énergie solaire pour une société plus sobre en énergie est l'habitat bioclimatique qui tire parti des apports solaires pour assurer le meilleur confort en réduisant les apports externes de produits énergétiques : orientation des façades et des vitrages, éclairage naturel, ventilation naturelle, construction d'une véranda, plantation d'une végétation coupe-vent, sont les compléments des mesures d'efficacité énergétique (isolation, double vitrage...). Cette construction bioclimatique est complétée par le capteur solaire à eau qui permet la production d'eau chaude et peut contribuer au chauffage (plancher solaire direct).

L'énergie renouvelable la plus utilisée dans le monde est la biomasse qui représente 10 % de la consommation d'énergie primaire mondiale en 2008 : bois énergie, déchets urbains, déchets ruraux végétaux ou animaux, cultures énergétiques. Bien qu'encore utilisée majoritairement au niveau mondial par les populations les plus pauvres sous forme de bois de feu, la biomasse est une source d'énergie très riche qui peut être utilisée pour la combustion dans des poêles et chaudières modernes de grande efficacité, ou sous la forme de biogaz produit à partir des déchets urbains ou ruraux, pour produire de l'électricité ou des carburants.

Outre la contribution de la biomasse, c'est pour la production d'électricité que l'on trouve la plus grande diversité d'utilisation des énergies renouvelables. L'hydraulique est de loin la filière renouvelable de production d'électricité la plus exploitée dans le monde. Cette électricité est produite par turbinage de l'eau emmagasinée dans les barrages ou bien par des usines installées au fil de l'eau. Les plus gros producteurs en sont la Chine et le Canada. La taille des centrales hydroélectriques va des très grands barrages, qui ont très souvent des conséquences négatives sur l'environnement, à la petite hydraulique beaucoup plus bénigne pour l'environnement, qui connaît un fort développement.

La production d'électricité d'origine éolienne est en très forte croissance. Le diamètre des pales et la puissance des éoliennes vont de 30 mètres pour 0,3 MW à 70 mètres pour 1,5 MW et 124 mètres pour 5 MW. On sait aujourd'hui les implanter sur des sites terrestres (*on-shore*) mais aussi en mer (*off-shore*). Les éoliennes présentent l'inconvénient d'une production intermittente, en fonction des conditions météorologiques. Mais ce défaut peut être atténué par la mutualisation des productions éoliennes sur un territoire suffisamment étendu pour disposer de conditions météorologiques diversifiées. Outre la gratuité de l'énergie primaire, un avantage majeur est la réversibilité des installations : une éolienne est entièrement et facilement démontable en fin de vie et ne laisse aucun déchet ou pollution locale. Bien entendu, leurs lieux d'implantation doivent être soigneusement choisis afin d'éviter les nuisances aux riverains. L'éolien s'est développé d'abord au Danemark, en Allemagne, en Espagne et aux États-Unis. La Chine possède aujourd'hui la plus importante puissance éolienne installée.

L'énergie solaire directe permet de produire de l'électricité suivant deux techniques : l'effet photovoltaïque et le solaire thermodynamique.

Une cellule photovoltaïque est constituée de semiconducteurs pris en sandwich entre deux électrodes métalliques. Exposée à la lumière solaire, elle génère de l'électricité. L'électricité d'origine photovoltaïque, du fait de son coût, a d'abord été utilisée pour des applications spatiales, puis pour l'électrification de sites isolés, loin des réseaux de distribution classiques. Depuis une dizaine d'années, elle s'est développée dans certains pays, notamment en Allemagne, en alimentation du réseau électrique, avec un financement basé sur des tarifs d'achat relativement élevés par rapport au coût moyen de l'électricité produite par d'autres sources.

L'électricité d'origine solaire thermodynamique est produite à partir de la chaleur obtenue par la concentration des rayons solaires sur une chaudière à l'aide de miroirs. Les applications industrielles en restent encore assez rares actuellement mais se développent à travers le monde dans des zones arides.

Les productions d'électricité à partir de la géothermie à haute température, l'énergie des marées, celle des courants marins ou des vagues sont encore marginales. Le Royaume-Uni est en tête dans l'évaluation de ces systèmes.

L'Union européenne encourage depuis une vingtaine d'années le développement de ces techniques modernes d'utilisation des énergies renouvelables, pour des raisons de lutte contre le changement climatique et de sécurité énergétique. Elle s'est fixé en 2008 l'objectif de 20 % d'énergies renouvelables, réparti entre les pays membres (23 % pour la France et 18 % pour l'Allemagne) dans la consommation énergétique finale en 2020. Son développement actuel reste très inégal de pays à pays.

Mais pour inscrire pleinement dans une trajectoire durable cet objectif de développement des énergies renouvelables, il est important de garder à l'esprit trois conditions essentielles : son indispensable complémentarité avec la stratégie de sobriété et d'efficacité énergétique, la valorisation du caractère local et territorial de ces ressources, enfin l'appropriation collective et citoyenne du développement et de l'exploitation de ces énergies. À défaut, on risque de voir apparaître, dans la ligne des habitudes des grands groupes énergétiques, des projets pharaoniques, entièrement déconnectés des besoins des populations locales, qui perpétuent une logique de réponse exclusive par l'offre d'énergie à la crise sociale et environnementale que nous connaissons. C'est le cas du projet Desertec de construction d'un vaste ensemble de centrales solaires thermiques à concentration (ou solaire thermodynamique) et d'éoliennes, dans les déserts du Moyen-Orient et de l'Afrique du Nord, pour la production d'électricité et le dessalement de l'eau de mer, avec stockage de la chaleur des centrales solaires thermiques dans des réservoirs à sel fondu. Le principal objectif de ce projet, chiffré à un investissement de 500 milliards d'euros sur la période 2020-2050, est d'alimenter l'Union européenne en électricité grâce au développement de réseaux de transport à haute tension en courant continu.

La maîtrise des consommations d'énergie et leur réduction dans les pays riches sont en effet des impératif absolus, quelle que soit la source de cette énergie. Ce n'est pas parce qu'elle est d'origine éolienne ou photovoltaïque que l'électricité doit être gaspillée comme elle l'est actuellement, sous le prétexte que la ressource serait illimitée : il y a des contraintes de coût, de limitation de la ressource (pour la biomasse notamment), de proximité des consommateurs, etc. D'ailleurs, on sait bien que les énergies renouvelables ne prendront une part dominante dans le bilan énergétique (rapport de la consommation assurée par les renouvelables à la consommation totale d'énergie) que si les consommations totales diminuent. Sinon, les renouvelables courront derrière pendant longtemps.

Des programmes d'efficacité et d'économies d'énergie et d'électricité devraient donc systématiquement accompagner les projets de développement des énergies renouvelables.

L'objectif des premiers promoteurs des nouvelles énergies renouvelables depuis les années 1970 a été les énergies locales et renouvelables. Ils mettaient ainsi l'accent sur l'intérêt multiple d'un développement près de la ressource et près du consommateur, ne serait-ce que pour réduire sa dépendance vis-à-vis de productions éloignées sur lesquelles il n'a aucune prise et pour mieux tenir compte de la dispersion relative de la ressource. Enfin, et tout particulièrement pour les régions rurales ou forestières qui connaissent actuellement appauvrissement, pertes d'emplois et dépopulation, les ressources énergétiques renouvelables et locales sont des sources d'activités et de revenus non négligeables.

Cela ne veut pas dire que des projets de grande taille ne puissent voir le jour ni être encouragés (l'éolien offshore par exemple), mais il est essentiel que la priorité soit donnée aux projets locaux (biogaz à la ferme, éoliennes de taille moyenne, photovoltaïque sur les toits, etc.). C'est particulièrement vrai pour le photovoltaïque dont l'intérêt majeur est une consommation locale, au niveau du bâtiment lui-même par exemple. Le caractère diffus des énergies renouvelables, souvent présenté comme un inconvénient majeur par les partisans des grands systèmes centralisés, est de fait un atout majeur pour le développement des territoires.

L'énergie dépend désormais de nouveaux acteurs

Les questions énergétiques ont été traditionnellement prises en main par les compagnies productrices et distributrices de produits énergétiques, généralement soutenues par les États.

La dynamique de croissance de ces entreprises et les politiques énergétiques qu'elles ont imposées dans les faits aboutissent à des impasses économiques et écologiques. L'utilisateur s'est vu imposer un rôle passif, réduit au paiement des factures énergétiques, lorsque l'énergie était fournie et qu'il pouvait la payer.

Mais le champ d'action de l'efficacité énergétique n'est pas limité au secteur de l'énergie. Il s'étend à l'industrie, au bâtiment, aux transports, au comportement des consommateurs, aux modes de consommation. L'obtention du service énergétique au moindre coût écologique et social dépend de l'aménagement du territoire et de l'urbanisme, de la qualité de construction des bâtiments, de la production des équipements et des matériels, de la politique des transports et de son orientation en faveur des transports collectifs et du rail.

Chaque usager, chaque ménage, chaque entreprise, chaque collectivité locale ou territoriale n'est plus seulement consommateur d'énergie mais directement partie prenante de l'élaboration et de la mise en œuvre d'une nouvelle politique énergétique qui devrait d'ailleurs s'appeler « politique des services énergétiques ». Architectes, urbanistes, constructeurs, équipementiers, ont un rôle aussi important à jouer que le fournisseur d'énergie. Il en est de même pour le développement des énergies renouvelables qui ne doit pas reproduire le système productiviste et/ou spéculateur des systèmes énergétiques dominants.

Les villes et les collectivités locales deviennent des acteurs majeurs, par leur action sur la demande d'énergie mais aussi sur le développement des énergies locales et renouvelables.

Qu'en conclure pour l'action ?

La poursuite des tendances actuelles de la consommation d'énergie au niveau mondial se heurte à des contraintes insurmontables et conduit à l'impasse du développement. Elle accentue les inégalités entre pays riches et pays pauvres et contribue à la fracture sociale. La sécurité énergétique et les contraintes environnementales sont un défi considérable pour le développement économique et social à l'échelle de la planète. Ce défi ne peut être relevé que par la mise en chantier d'un nouveau modèle de système énergétique.

Une stratégie globale de sobriété et d'efficacité énergétique est nécessaire et possible : elle s'applique à tous les secteurs d'activité, dans tous les pays et sur tous les territoires. Aussi bien les impératifs de sécurité énergétique que ceux de la lutte contre le changement climatique convergent pour son application à grande échelle. Elle constitue le premier facteur d'une moindre vulnérabilité énergétique et de l'atténuation des émissions de gaz à effet de serre. Elle constitue en outre un facteur de développement économique par la diminution des dépenses énergétiques et la création de nouvelles activités porteuses d'emploi. C'est un impératif de premier ordre des politiques énergétiques et économiques.

Les enjeux en termes énergétiques, économiques et environnementaux sont considérables, en particulier pour les pays en forte croissance et à très forts besoins d'infrastructures comme la Chine, l'Inde ou le Brésil par exemple.

La mise en œuvre d'un tel potentiel d'économie

implique une mobilisation de moyens humains et financiers à la hauteur des enjeux. Priorité doit évidemment être donnée à l'augmentation des capacités humaines et institutionnelles à tous les niveaux, tant il manque aujourd'hui de compétences sur ces sujets. Et puis, il faut dégager des moyens et mettre en œuvre des mécanismes financiers spécifiques : fonds publics dédiés, fonds de garantie, fonds d'investissement public-privé, développement des sociétés de services énergétiques. Les politiques d'urbanisme doivent être repensées, les politiques de transport radicalement réorientées vers le transport collectif en zone urbaine et périurbaine et vers le rail pour les transports de marchandises et de passagers.

Mais le nouveau paradigme de la transition énergétique que nous dessinons ne porte pas seulement sur des aspects techniques et économiques, voire de comportement, mais plus profondément sur la conception même des systèmes énergétiques. Le système centralisé et pyramidal laisse la place à une économie énergétique où le local, à l'échelle des territoires, devient prépondérant puisque c'est absolument partout, dans les pays riches ou pauvres, dans les villes et en milieu rural, que l'on peut développer économies d'énergie et production d'énergies renouvelables. Et c'est d'ailleurs dans cette application locale des deux démarches, soigneusement imbriquées et complémentaires, que va se réaliser la véritable transition à la fois énergétique, sociale et politique. D'un système pyramidal du producteur au consommateur, on passera à un système bâti sur le citoyen responsable, consommateur et producteur, acteur majeur de la transition énergétique, substituant un réseau horizontal maillé et interactif au réseau unidirectionnel du paradigme traditionnel.

Dans cette nouvelle démarche, les concepts d'« énergie citoyenne » et d'« énergie partagée », y compris pour ce qui concerne le financement des projets par les collectivités locales et territoriales et les citoyens eux-mêmes, sont le gage de la réappropriation de la question énergétique par les citoyens[1].

1. www.energie-partagee.org.

4
Les scénarios énergétiques

L'histoire de la prospective énergétique

Vers les scénarios sobres en énergie

Depuis des décennies, l'histoire de l'énergie est rythmée par la parution de scénarios de prévision ou de prospective de l'approvisionnement énergétique mondial et régional. Ils sont restés longtemps le monopole du Conseil mondial de l'énergie (CME) qui se présentait comme une banale ONG, mais qui, en fait, regroupait l'ensemble des grands producteurs d'énergie, en particulier les pétroliers, les gaziers et les électriciens. Le relais en a été pris au tournant du siècle par l'AIE, bras armé de l'OCDE qui regroupe les pays industrialisés. L'histoire des scénarios de prospective énergétique mondiaux des trente dernières années est très éclairante, car elle montre bien l'évolution des concepts et des préoccupations.

Jusqu'à la fin des années 1980, la plupart des scénarios imaginaient pour 2050 des consommations d'énergie mondiale trois à quatre fois supérieures à celle des années 1980. Certains scénarios du CME par exemple, considérant qu'une loi quasiment inéluctable liait proportionnellement croissance économique et croissance énergétique, envisageaient sans sourciller des dépenses énergétiques mondiales supérieures à 30 Gtep par an en 2050, alors qu'elles sont de 12,2 Gtep aujourd'hui. Déjà, au milieu des années 1970, EDF avait prévu pour l'an 2000 des consommations d'électricité de près de 1000 TWh pour la France (elle a été de 410 TWh) et justifiait ainsi son programme nucléaire.

C'est d'ailleurs dans cette tradition que se situent la plupart des scénarios ultérieurs. Mais en 1988, quatre chercheurs, deux du Sud et deux du Nord, Goldemberg, Reddy, Johansson et Williams[1], proposent un scénario énergétique mondial d'un type entièrement nouveau. Il est fondé, non plus, comme ceux du CME, sur des prévisions d'augmentation de l'offre énergétique en fonction des croissances économiques régionales, mais sur une analyse précise, par secteur économique et social, des déterminants de la demande d'énergie associée aux diverses étapes du développement des sociétés. Sur la base des technologies d'usage et de production de l'énergie les mieux adaptées disponibles dans les années 1980, ce scénario se montre beaucoup plus économe en énergie dès 2020, avec un très fort rééquilibrage des consommations par habitant des pays en développement par rapport à celles des pays riches. Pour la première fois apparaissent la possibilité et la nécessité d'une diminution sensible de la consommation d'énergie des habitants du Nord pour permettre un développement

1. J. Goldemberg, A. Reddy, Th. Johansson et R. Williams, *Energy for a Sustainable World*, 1988, Wiley Eastern Limited. En français et version courte : *Énergie pour un monde vivable*, Paris-Québec, IEPF, ICE, 1990.

contrôlé des consommations d'énergie au Sud, sans épuiser pour autant trop vite les ressources fossiles planétaires, et laisser les énergies renouvelables prendre progressivement le relais.

En 1990, en continuité du travail de Goldemberg et de ses collègues, François Pharabod et l'un des auteurs du présent ouvrage élaborent au CNRS un nouveau scénario, NOÉ[1], en adoptant une approche normative de deux problèmes d'environnement globaux : limiter les émissions de gaz carbonique en 2060 aux quantités que la biosphère terrestre est censée pouvoir absorber annuellement (de l'ordre de 12 gigatonnes de CO_2) et stopper avant 2100 la croissance de la masse de déchets nucléaires à longue durée de vie à entreposer définitivement sur la planète. Résultat : une consommation d'énergie de 11,2 Gtep en 2060, avec un profond rééquilibrage Nord-Sud, puisque les habitants du Nord voient leur consommation énergétique annuelle par tête divisée par 2,5 et celle des habitants du Sud doubler.

Ce rééquilibrage reposait sur plusieurs hypothèses. D'une part, une forte amélioration de l'efficacité énergétique dans les pays riches se traduisant par une diminution de 2 à 2,5 % par an de l'intensité énergétique, (rapport de la consommation totale d'énergie d'un pays à son PIB), baisse qui n'a rien de déraisonnable quand on sait qu'il s'agit de l'objectif fixé par la loi française à compter de 2015. Mais aussi une modération sensible de la croissance dans ces pays (0,9 % par an) par rapport aux anticipations des scénarios CME qui maintenaient sur la période des croissances de 2 à 2,5 % par

1. B. Dessus et F. Pharabod, « Jérémie et NOÉ », *La Revue de l'énergie*, 1990.

an. Malgré l'arrêt du nucléaire en 2060, les énergies fossiles ne comptaient plus que pour 55 % dans le bilan énergétique primaire en 2060 contre plus de 80 % en 1985. C'était donc l'image d'un monde beaucoup plus égalitaire et beaucoup plus sobre en énergie, remettant en question à la fois la fuite en avant technologique et la croissance minimale de l'ordre de 2 % par an considérée à l'époque par presque tout le monde comme définitivement indispensable aux pays riches.

Ce n'est que plus tardivement, à partir de 2006, que l'AIE a commencé à prendre en compte la question du changement climatique en cherchant à quelles conditions les scénarios prévisionnels qu'elle établissait traditionnellement pouvaient être infléchis pour respecter les normes climatiques issues des travaux du GIEC. C'est l'objet d'un rapport paru en 2008[1] qui examine l'importance relative d'une dizaine de programmes d'action pour faire chuter les émissions de près de 50 gigatonnes (Gt) de CO_2 en 2050 par rapport au scénario prévisionnel précédemment établi où elles atteignaient 62 Gt (27 en 2005). Les conclusions de ce rapport confirment les anticipations des scénarios « sobres » élaborés vingt ans plus tôt : les actions de maîtrise de l'énergie y sont prépondérantes, avec 54 % du potentiel total de réduction des émissions. Le très vigoureux programme d'énergies renouvelables envisagé représente quant à lui 21 % du potentiel de réduction. S'y ajoutent la généralisation massive dans l'ensemble du monde des technologies de captage et de stockage du CO_2 (19 % du même potentiel) et la relance du nucléaire

1. Agence internationale de l'énergie, *Energy Technology Perspectives*, 2008.

mondial (6 %). Nous discuterons ce scénario un peu plus bas.

À partir de la demande

L'évolution constatée au cours du temps dans les scénarios s'explique en grande partie par le renouvellement du regard posé par les énergéticiens sur les questions de demande énergétique. Jusqu'à la fin des années 1980 prédominait l'idée d'un parallélisme global entre la croissance des consommations d'énergie et celle du PIB, au point que pour certains la croissance de la consommation d'énergie faisait office d'indice de développement. C'est vers la fin des années 1980 que l'idée d'un découplage possible de ces deux grandeurs, défendue depuis le début des années 1970 par quelques énergéticiens considérés alors comme marginaux (par exemple en France Jean-Marie Martin, Bertrand Château et Bruno Lapillonne, les auteurs, le Groupe de Bellevue[1], et aux États-Unis, Amory Lovins[2]), a commencé à faire son chemin. Aujourd'hui l'intérêt et la nécessité de ce découplage sont unanimement reconnus, même si les politiques ont bien du mal à se conformer à cette priorité.

L'histoire des trente dernières années en France montre d'ailleurs cet effet de découplage entre croissance énergétique et croissance des besoins d'énergie

1. Groupe de Bellevue, *Le projet Alter. Étude d'un avenir énergétique pour la France axé sur le potentiel renouvelable*, Paris, Syros, 1978.
2. A. B. Lovins, *Stratégies énergétiques planétaires : les faits, les débats, les options*, Paris, Christian Bourgois, 1976.

des pays développés. Entre 1980 et 2009, le PIB de la France a été multiplié par 1,7 en euros constants, et la consommation intérieure d'énergie finale par 1,1 seulement. Il est attribuable en partie au progrès technique dont la dynamique conduit à une utilisation plus rationnelle des différents intrants, dont l'énergie, dans le cycle économique, l'efficacité des outils que nous utilisons (voitures, appareils ménagers, etc.), mais aussi la plus ou moins grande efficacité induite par les infrastructures dans la consommation d'énergie (transports, urbanisme, habitat). Il s'explique aussi par un début de saturation en besoins de base des populations (nourriture, chauffage, etc.) et à la tertiarisation de l'économie des pays les plus riches, avec l'apparition de nombreux services faiblement intensifs en énergie mais à forte valeur ajoutée.

Encore faut-il bien prendre conscience du fait que cette tertiarisation locale de l'économie peut s'accompagner de transferts d'industrie manufacturière dans d'autres pays. C'est alors dans l'importation des produits manufacturés que se cache une partie des consommations réelles du pays importateur. Dans un pays comme la France dont le déficit commercial est important, ces dépenses énergétiques cachées, qu'on appelle « grises », représentaient en 2005 environ 35 % en plus des dépenses d'énergie finale comptabilisées dans le bilan énergétique national.

C'est sur cet espoir de découplage que comptent généralement les décideurs pour résoudre à la fois les questions énergétiques et climatiques. Mais cette notion présente plusieurs facettes.

La première, l'efficacité énergétique, « faire plus ou

mieux avec moins d'énergie », rencontre sur le papier une certaine faveur puisqu'elle entre dans une logique d'efficacité familière à notre conception moderne de l'économie. Elle bute cependant sur un premier obstacle : il n'est pas si simple de faire entrer un bien immatériel (une tonne de pétrole *qu'on ne consomme pas*) dans l'économie actuelle, à égalité avec la fourniture d'un bien matériel (la même tonne de pétrole). Un geste de sobriété ne participe en effet ni à la croissance du PIB que cherchent à afficher nos dirigeants politiques ni aux profits que recherchent les producteurs d'énergie dont la logique est d'augmenter chaque année leur chiffre d'affaires et de conquérir de nouvelles parts de marché. Le deuxième obstacle se situe dans les méfaits de « l'effet rebond » que peut engendrer chez le consommateur un allégement des dépenses d'énergie pour un service donné. Il est alors tenté de faire un usage plus intense de l'appareil ou du service moins consommateur d'énergie, par exemple plus de route avec sa voiture.

La seconde façon de parvenir au découplage espéré est de substituer aux énergies fossiles des énergies globalement moins émettrices de gaz à effet de serre ou moins « sensibles », par exemple en termes de sécurité d'approvisionnement. Dans cette catégorie se rangent, bien entendu, les énergies renouvelables, mais parfois aussi le nucléaire présenté encore par certains, en particulier par notre gouvernement et malgré les risques majeurs qu'il comporte, comme l'un des fleurons de la « croissance verte ».

On peut y inclure par extension le captage et le stockage dans le sous-sol du CO_2 des centrales électriques à combustibles fossiles ou des cimenteries : il n'est alors plus question de restreindre la consommation spécifique de leur usage, mais bien au contraire d'accepter d'augmenter la consommation d'énergie de l'ordre de 20 % pour capter le CO_2, et le stocker pour restreindre ainsi les impacts sur l'atmosphère.

Ces substitutions rencontrent évidemment la faveur des producteurs d'énergie, qui, à la condition de faire évoluer à temps leurs outils de production, peuvent continuer à fonder leur prospérité sur l'extension de leurs marchés.

Quand on observe ce qui se passe en Europe aujourd'hui, on voit immédiatement que les substitutions énergétiques sont la priorité. L'Union européenne s'engage en effet d'ici 2020 à diminuer de 20 % sa consommation primaire d'énergie par rapport au scénario tendanciel, à accroître la part des énergies renouvelables jusqu'à 20 % de la consommation finale d'énergie et enfin à baisser de 20 % ses émissions de gaz à effet de serre par rapport à 1990. Mais comme par hasard, seuls les deux derniers engagements (gaz à effet de serre et énergies renouvelables) font l'objet de directives contraignantes. Le premier reste purement indicatif et aucune obligation des États n'y est associée.

Deux scénarios contrastés

Mais, après ce détour, revenons à nos deux scénarios, le scénario NOÉ et le scénario de l'AIE dit « 450 ppm ». Ils donnent certes des résultats équivalents du point de vue du climat mais divergent profondément sur le degré de confiance dans le progrès scientifique et technique, dans le dogme de la croissance économique comme élément incontournable de la survie des sociétés, y compris des plus riches, enfin dans l'aspect négociable ou non de « notre » mode de vie, celui des couches aisées de la population des pays riches.

Le scénario 450 ppm de l'AIE impose par exemple un programme très ambitieux de captage et stockage du gaz carbonique dans le sous-sol terrestre qui soulève des doutes considérables. Il suppose aussi un programme non moins ambitieux d'énergies renouvelables dont une production d'agrocarburants problématique en raison de sa concurrence avec l'alimentation humaine.

Il suppose enfin une relance majeure du nucléaire avec l'ambition d'atteindre en 2050 une capacité installée de 1 350 GW contre 375 GW en 2010. Le rythme de construction nécessaire est de l'ordre de 60 GW par an, une cinquantaine de réacteurs, avec l'élargissement de l'accès au nucléaire civil de nouveaux pays suffisamment peuplés et consommateurs d'électricité pour justifier le recours à cette technologie qui se caractérise par la taille importante de ses unités. Bien entendu, une telle dissémination renforce les risques d'accident, les risques de prolifération et accélère fortement le rythme nécessaire de production d'uranium mondial. Mais surtout, pour éviter la pénurie d'uranium-235 au-delà de 2040, il impose de développer le recyclage du plutonium et de l'uranium issu du retraitement du combustible irradié et d'utiliser au plus tôt des réacteurs, inexistants à ce jour, qui permettent de valoriser d'autres combustibles (l'uranium-238 ou le thorium-232).

Ce scénario implique donc pratiquement une obligation de réussite de la mise au point des réacteurs de la génération IV dans les trente ans qui viennent et son corollaire, la généralisation au niveau mondial de filières nucléaires impliquant l'usage du plutonium avec les risques de prolifération que cela comporte (voir chapitre 2). En France le projet Astrid, que le président Sarkozy a cité au cours de sa conférence de presse du 27 juin sur le grand emprunt, appartient à cette génération de réacteurs prétendus nouveaux, mais dont la technologie reste très proche de celle de Superphénix et présente donc la même nature de risques d'accidents. Et le tout pour un espoir de réduction des émissions mondiales de CO_2 énergétique en 2050 de 4,5 % par rapport au scénario proposé comme référence par l'AIE.

Ce type de vision de l'avenir cumule donc les paris de la pleine réussite technico-économique de technologies encore à l'état de prototypes, d'une dynamique très rapide d'implantation de ces technologies et de leur acceptation sans faille par les diverses sociétés. C'est évidemment problématique.

Dans le même esprit, les tenants de la fusion nucléaire nous promettent dans une cinquantaine d'années de domestiquer la fusion nucléaire pour en mettre l'énergie à disposition de l'humanité (voir encadré). Mais outre les très fortes incertitudes qui règnent encore sur la faisabilité scientifique de cette filière au bout de cinquante ans de recherche intensive et coûteuse, le délai minimum qu'imaginent aujourd'hui les chercheurs pour aboutir à une réalisation industrielle reporte tout espoir de participation significative de cette technologie au bilan énergétique mondial à la fin du siècle ou au début du siècle prochain.

La fusion et le réacteur ITER

La fusion consiste à souder deux noyaux légers, par exemple les isotopes de l'hydrogène deutérium et tritium. Cette soudure dégage une quantité considérable d'énergie. Dans le Soleil, les forces intenses de gravitation confinent les gaz et engendrent les hautes températures qui permettent la fusion des noyaux. Sur Terre on sait provoquer cette fusion à partir d'une bombe nucléaire à fission dont l'explosion fournit une température assez élevée pour déclencher la fusion recherchée qui engendre à son tour une explosion beaucoup plus intense : c'est la bombe H. Pour obtenir une fusion sans explosion, il faut créer des champs magnétiques très intenses pour confiner un plasma et obtenir des températures de l'ordre de cent millions de degrés.

L'avantage potentiel d'un tel procédé est que les ressources en noyaux légers sont pratiquement illimitées, à partir de l'eau des océans pour le deutérium par exemple. Cependant, voici plus de cinquante ans maintenant que la maîtrise de la fusion est annoncée pour demain !

Le réacteur ITER, en cours de construction à Cadarache, dans les Bouches-du-Rhône, se veut une expérience grandeur nature de démonstration du contrôle et de l'entretien de cette réaction de fusion. Le premier objectif est de générer une puissance de 500 MW de chaleur en n'en consommant que 50, durant 400 secondes (6 min 40 s). Le record mondial est, à ce jour, de 16 MW générés pour une puissance fournie de 25 MW, durant 1 seconde. Le second objectif vise à maintenir les réactions de fusion dans le plasma pendant au moins 1 000 secondes (16 min 40 s). Dans ce cas, pour 50 MW fournis, seuls 250 MW seraient produits. Le record mondial de durée est, à ce jour, de 6 minutes et 30 secondes, réalisé par le tokamak français Tore Supra en 2003.

Les problèmes scientifiques et technologiques à résoudre sont considérables pour atteindre ces premiers objectifs qui pourtant peuvent sembler très modestes en regard des exigences de production industrielle d'électricité.

Le prix Nobel de physique japonais Masatoshi Koshiba exprime d'ailleurs des réserves au vu des problèmes posés par les neutrons rapides : « Dans ITER, la réaction de fusion

produit des neutrons de grande énergie, de 14 MeV [mégaélectronvolts], niveau jamais atteint encore. [...] Si les scientifiques ont déjà fait l'expérience de la manipulation de neutrons de faible énergie, ces neutrons de 14 MeV sont tout à fait nouveaux et personne à l'heure actuelle ne sait comment les manipuler. [...] S'ils doivent remplacer les absorbeurs tous les six mois, cela entraînera un arrêt des opérations qui se traduira par un surcoût de l'énergie.»
Ainsi, la détérioration rapide de la chambre de confinement imposerait des remplacements réguliers et produirait une quantité importante de déchets radioactifs.
Des physiciens comme Sébastien Balibar, bien que favorables à l'énergie nucléaire, estiment qu'il est prématuré de construire ITER alors que des verrous technologiques n'ont pas été levés : « On nous annonce que l'on va mettre le Soleil en boîte. La formule est jolie. Le problème, c'est que l'on ne sait pas fabriquer la boîte.»
Ces critiques montrent bien les difficultés auxquelles vont se confronter les promoteurs de cette filière. Sans même compter les questions de sûreté et celles de déchets que Pierre-Gilles de Gennes, prix Nobel de physique en 1991, résume de façon lapidaire : « Un réacteur de fusion, c'est à la fois Superphénix et l'usine de retraitement de la Hague au même endroit.» Enfin, le tritium est un gaz radioactif très dangereux.

Face à cette image productiviste, des scénarios sobres type NOÉ donnent clairement la priorité à la résorption des inégalités, la sobriété énergétique individuelle et collective. Ces scénarios portent une attention toute particulière aux infrastructures, habitat, urbanisme, transports, et à l'organisation de la production et des échanges : l'urbanisme extensif pavillonnaire n'est plus la règle, les collectivités locales favorisent un urbanisme plus concentré. Ils freinent ainsi la dérive des coûts collectifs d'investissement et de fonctionnement de l'extension des divers réseaux associés au « mitage » périurbain. La vitesse de transport individuelle, source de concurrence accrue des usages de l'espace et de discrimination financière, n'est plus systématiquement recherchée. C'est la notion de *service de mobilité de l'ensemble de la population* qui domine, à travers les transports en commun, le covoiturage ou l'autopartage, plutôt que celle de *propriété et de vitesse individuelle des véhicules.* La priorité devient un accès globalement plus performant et plus égalitaire à la mobilité qu'aujourd'hui. De même, NOÉ suppose une réorganisation des circuits de production et de distribution des marchandises qui favorise la proximité et la décentralisation indispensables à la maîtrise de l'énergie. Cette relocalisation de la question énergétique permet à son tour une implantation plus aisée des systèmes de production d'énergies renouvelables de proximité et laisse intacte la possibilité d'utiliser la chaleur inéluctablement générée par les centrales électriques.

Derrière ces images de « sortie de crise » se profilent donc des priorités bien différentes.

Pour les tenants de la *croissance verte*, c'est en fait la croissance qui reste intouchable, même pour les plus riches, y compris pour réduire les inégalités les plus criantes : au progrès technique de faire le reste, en acceptant au besoin d'échanger le risque climatique contre d'autres risques majeurs. Il est bien évident qu'une catastrophe comme Fukushima remet en cause leur crédibilité.

Pour ceux qui, en revanche, s'inquiètent du renforcement constant des inégalités et des paris technologiques irréalistes, la sobriété des comportements est un élément indissociable de la maîtrise de l'énergie, à la fois comme moteur de réduction de ces inégalités et frein à « l'effet rebond » qu'engendrent les progrès d'efficacité énergétique.

La dynamique des énergies renouvelables

Vers le 100 % renouvelable

Depuis quelques années au niveau mondial, sous l'influence de la question climatique, et en Europe, peut être sous l'influence de la décision de l'Allemagne de sortir du nucléaire, on voit se développer des images de l'avenir souvent plus sobres, plus efficaces, plus diversifiées, avec un recours massif aux énergies renouvelables et un recul parallèle du recours au nucléaire.

Dans un rapport rendu public en mai 2011[1], le GIEC affirme la possibilité de mobiliser dans de bonnes conditions techniques et économiques entre 7 et 9 Gtep d'énergies renouvelables en 2050 et de parvenir ainsi à fournir jusqu'à 80 % de l'énergie nécessaire à l'humanité, à condition cependant de s'orienter vers des scénarios de sobriété et d'efficacité énergétique qui se révèlent très proches du scénario NOÉ.

En Europe, le projet PACT[2] de l'Union européenne rassemble des équipes de recherche sur la description d'une société post-carbone en 2050 et des trajectoires

1. « Potential of Renewable Energy Outlined », dans le rapport du GIEC, 11e session du groupe de travail n° 3, Abu Dhabi, 9 mai 2011 (communiqué de presse).

2. « Pathways for Carbon transitions », 7e programme cadre de l'Union européenne, FP7-SSH-2007-1.

qui peuvent y mener. Il procède par rétroprojection, en se fixant des contraintes à un horizon donné et en remontant jusqu'à l'époque actuelle pour définir les trajectoires les mieux adaptées à l'objectif final. Les énergies renouvelables y jouent également un rôle prépondérant à l'horizon 2050.

De son côté l'EREC (European Renewable Energy Council) qui regroupe onze associations européennes des énergies renouvelables a publié début 2011 un scénario *Rethinking 2050 : a 100 % renewable energy vision for the European Union*[1] dans lequel la consommation d'énergie finale de l'Union européenne diminue de 20 % en 2030, et les renouvelables satisfont la moitié des besoins d'énergie et 70 % des besoins d'électricité à cet horizon.

Dans ce domaine de l'électricité, c'est l'émergence du concept de *smart grid* (le réseau intelligent) avec les interconnexions qu'il implique, qui a permis de faire évoluer très profondément la question du recours à des sources d'énergie intermittentes.

Le concept de *smart grid*

L'objet d'un réseau électrique est de desservir des consommateurs à partir de sources de production. Un réseau électrique dit intelligent (traduction de *smart grid*) assure cette fonction en tenant compte de critères de production comme la quantité d'électricité disponible ou la production des consommateurs, quand ils s'équipent par exemple de photovoltaïque sur leur toit, mais aussi de consommation, comme la diminution de la facture énergétique, ou de transport et de distribution. À la différence du réseau électrique traditionnel, un réseau intelligent est interactif. Cette fonction

1. www.rethinking2050.eu

est rendue possible par la mise en place de dispositifs qui permettent à tout instant de recueillir des données, communiquer des informations et intervenir en différents points du réseau. Ces dispositifs sont des compteurs, capteurs, transmetteurs et tous systèmes qui permettent d'agir sur les paramètres, implantés aux différents nœuds du réseau de transport et de distribution. En particulier à la porte du consommateur alors équipé d'une *energy box* ou compteur communicant. Aujourd'hui par exemple, l'électricité produite par un toit photovoltaïque est comptée sur un compteur indépendant du compteur de consommation de la maison et expédiée sur le réseau EDF pendant qu'une fourniture d'électricité complètement indépendante est assurée par le réseau et enregistrée par le compteur de consommation. Avec le réseau intelligent on réalise un circuit court avec un seul compteur intelligent, et le photovoltaïque alimente prioritairement la maison. Seuls les surplus éventuels d'électricité sont envoyés sur le réseau. De même la fourniture d'électricité par le réseau se borne à l'électricité supplémentaire, nécessaire à un moment donné, à la production d'électricité du toit.

Plus généralement, l'objectif d'un réseau intelligent est d'assurer l'équilibre entre production et consommation, en ajustant en temps réel et au niveau des territoires des moyens de production de natures diverses (nucléaire, thermique classique, éolien, photovoltaïque) à une consommation qui agrège des usages divers (thermiques, spécifiques) dans des secteurs très différents (industrie, bâtiments, transports, etc.).

La mutualisation des productions d'électricité à partir des diverses énergies renouvelables sur un territoire de la taille de l'Europe permet en effet d'accepter sur le réseau une part beaucoup plus importante qu'on ne l'avait imaginé d'électricité renouvelable à caractère intermittent ou aléatoire. La « feuille de route[1] »

1. www.roadmap2050.eu

publiée en mai 2010 par la Fondation européenne pour le climat (ECF) montre la possibilité d'atteindre des taux de production d'électricité renouvelables de 60 à 80 % sur le réseau européen à des coûts comparables aux énergies fossiles, à la condition de réaliser sans attendre les investissements d'interconnexion indispensables. L'argument selon lequel il faut systématiquement doubler les investissements d'éoliennes ou de photovoltaïque par des centrales de même puissance à combustibles fossiles est donc largement dépassé.

Un nucléaire marginal

Ce qui apparaît en creux dans l'ensemble de ces études est le rôle totalement marginal que réservent ces nouvelles perspectives à l'électricité nucléaire. Sa marginalité mondiale actuelle, avec moins de 6 % de l'approvisionnement primaire, ne fait que se confirmer au fur et à mesure que de nouvelles études à long terme voient le jour.

Globalement, l'abandon du nucléaire en deux ou trois décennies ne pose donc pas de vrai problème au niveau mondial. Quelques pays émergents affichent pourtant des programmes nucléaires qui, vus de France, paraissent imposants. Il faut cependant prendre conscience de leur très grande marginalité dans le bouquet de production électrique de ces pays (même s'ils n'étaient pas remis en cause après Fukushima). En Chine par exemple, où la construction de près de deux cents réacteurs était jusqu'ici projetée à l'horizon 2030 – un rythme très improbable de vingt réacteurs par an – la part du nucléaire ne dépasserait pas 13 % dans la production d'électricité à cet horizon.

En fait le problème ne se pose vraiment que pour les quelques pays où l'énergie nucléaire représente une proportion importante de la production d'électricité. Rappelons que, en 2010, la part du nucléaire dans la production d'électricité dans les grands pays industrialisés était la suivante : 19 % aux États-Unis, 75 % en France, 28 % au Japon, 16 % en Russie, 30 % en Corée du Sud, 22 % en Allemagne, 16 % au Royaume-Uni (et 2 % en Chine et en Inde).

C'est évidemment en France, où la proportion de nucléaire dans la production électrique est la plus forte du monde, que la question se pose avec le plus d'acuité.

5
En France, sortir du nucléaire en vingt ans

Le silence de l'administration sur les alternatives

Sans surprise, depuis quarante ans, aucun des nombreux scénarios émanant de l'administration française n'a produit de perspective pour la France qui ne soit pas très majoritairement nucléaire. Parfois, et encore très récemment, jusqu'à la caricature. Juste après le Grenelle de l'environnement par exemple, le ministère de l'Industrie a publié un scénario à l'horizon 2020 supposé prendre en compte les décisions acquises au cours de cette concertation. Dans ce scénario, la production d'électricité prévue en 2020 cumule les moyens existants de production, les nouvelles capacités de production électrique d'origine renouvelable qui font partie des engagements du Grenelle de l'environnement, mais aussi les productions additionnelles de la centrale de Flamanville et de la centrale de Penly, deux réacteurs EPR décidés en dehors du Grenelle de l'environnement.

Mais cette production dépasse très largement les besoins d'électricité recensés à cette même date. Et le ministère d'inventer opportunément l'exportation de 130 TWh d'électricité pour boucler son bilan, sans même s'apercevoir que la capacité du réseau de transport électrique transfrontière est très loin de permettre cette ambition ! Et sans aucune indication non plus d'ailleurs sur les clients éventuels de cette exportation. On a assisté à l'exacte reproduction des errements de 1975, quand, sous la pression du lobby nucléaire, le gouvernement avait prévu une consommation de 1000 TWh en 2000 – alors qu'elle n'en a atteint que moins de la moitié – ce qui a eu pour conséquence le surdimensionnement du parc nucléaire d'une douzaine de réacteurs qu'on a connu.

C'est donc loin des ors de la République que d'autres images d'avenir énergétique pour la France ont émergé. Dès 1978, une dizaine de chercheurs réunis au sein du Groupe de Bellevue publient le Projet Alter[1], un scénario pour la France en 2050 qui explore les possibilités d'une politique déterminée d'économie d'énergie et de développement des énergies renouvelables dans une France sans nucléaire. Comme l'exercice reposait sur une analyse prospective des besoins sectoriels d'énergie de la population française, ce fut immédiatement un tir de barrage des producteurs d'énergie, et en particulier d'EDF. En 1981, Claude Bienvenu, directeur des études et recherches d'EDF, n'y allait pas de main morte : « Ils se croient investis du pouvoir de décider ce qui convient à chacun ! Faire le bonheur des gens contre eux, c'est le contraire de la démocratie. C'est le retour à l'Église toute-puissante et à l'Inquisition, c'est la renaissance du fascisme. » Et de conclure :

1. Groupe de Bellevue, *Projet Alter*, *op. cit.*

« Attention, messieurs d'Alter, à ne pas devenir les Lyssenko de l'énergie ! » L'écolo-fascisme était inventé. Néanmoins et malgré cet avertissement solennel, cette démarche Alter fut le levier, à travers une dizaine de projets Alter régionaux, d'une appropriation très nouvelle des questions d'énergie par la société civile sur une base territoriale.

Il faut attendre plus de vingt ans pour voir réapparaître, en 2000, à l'occasion d'un rapport au Premier ministre de l'époque, l'hypothèse, parmi d'autres, d'un scénario de sortie du nucléaire. Lionel Jospin avait demandé à un trio composé de Jean-Michel Charpin, alors commissaire au Plan, à René Pellat, haut-commissaire au CEA, et à l'un des auteurs, directeur de programme au CNRS, une étude économique prospective de la filière électrique nucléaire à horizon de cinquante ans[1]. Parmi les sept scénarios étudiés, dont certains avec une forte consommation d'électricité et une très forte participation du nucléaire au système de production, figurait un scénario de sortie du nucléaire en 2030 justifié en ces termes : « Les fortes préoccupations de limitation des risques nucléaires en même temps que des autres risques d'environnement global favorisent la modération des consommations et encouragent les pouvoirs publics à favoriser un redéploiement important de l'industrie française dans le domaine de la maîtrise de l'énergie et des énergies renouvelables. »

Parmi les conclusions marquantes de cette étude, la découverte qu'un tel scénario ne conduisait ni à

1. J.-M. Charpin, B. Dessus, R. Pellat, *Étude économique prospective de la filière électrique nucléaire*, *op. cit.*

des coûts globaux ni à des coûts du kilowattheure produit très différents des autres scénarios : un coût global actualisé de ce scénario compris entre 270 et 330 milliards d'euros[1] selon les hypothèses de coût des combustibles fossiles et de l'uranium alors que les coûts globaux des six autres, avec une proportion de 50 à 80 % de nucléaire, se situaient entre 260 et 340 milliards d'euros. Le rapport montrait donc que des stratégies très variées, à condition d'être véritablement suivies, ne conduisaient pas à des coûts globaux significativement différents sur une période de cinquante ans.

Enfin, en 2003 puis 2006, l'association NégaWatt a proposé un scénario pour la France à l'horizon 2050 qui illustre bien les trois principes d'action qu'elle porte depuis son origine : la sobriété énergétique, l'efficacité énergétique, les énergies renouvelables. Une nouvelle version plus élaborée de ce scénario est à l'étude et fera l'objet d'une publication attendue avant la fin de l'année 2011. Dans ce scénario de transition énergétique volontariste, dès 2035, le nucléaire n'est plus non plus nécessaire au bouclage du bilan français.

Les images d'un avenir potentiellement sans nucléaire ont trouvé place depuis quelques années dans la panoplie officielle et académique des scénarios mondiaux et européens. Il n'en est malheureusement pas de même en France, où seules aujourd'hui des ONG portent un discours de mieux en mieux construit sur une hypothèse crédible de sortie du nucléaire dans les vingt ans qui viennent. Cette négation officielle pose évidemment un problème majeur, puisqu'elle permet d'occulter de fait tout débat sur les alternatives possibles

1. 1750 à 2150 milliards de francs 2000.

à la politique actuellement suivie, dans un contexte de remise en cause profonde de cette politique.

Un scénario de sortie du nucléaire à l'allemande ?

En attendant la description plus complète de ce que pourrait être le scénario de transition énergétique complet pour la France que nous promet NégaWatt, on peut tracer les grandes lignes des conséquences dans le domaine électrique d'un scénario alternatif à la poursuite du nucléaire.

C'est l'exercice auquel s'est trouvée confrontée l'Allemagne quand elle a décidé en 2000 sa sortie à terme du nucléaire, qui se traduisait en pratique par un arrêt des réacteurs allemands après une durée de vie moyenne de trente-trois ans (de vingt-huit à trente-sept ans) et qu'elle a confirmé en juin 2011.

Examinons les conséquences pour la France d'un scénario analogue de sortie du nucléaire en 2031, dans vingt ans, soit au bout de trente-trois ans en moyenne avec une marge de plus ou moins trois ans par exemple, selon l'état des centrales, la nature des risques locaux et la densité de population environnante.

La fermeture successive des réacteurs, choisis au cas par cas comme en Allemagne en fonction de leur état, pourrait conduire à ce que, en 2020, l'ensemble des réacteurs construits de 1977 à 1985 soient arrêtés : soit 230 TWh. La production nucléaire tomberait donc

Le « concept énergétique » allemand[1] :

La politique énergétique allemande est fondée sur trois grands objectifs à l'horizon 2050, jalonnés par des objectifs intermédiaires.

Objectif efficacité énergétique

– Consommation d'énergie primaire, par rapport à sa valeur en 2008 : - 20 % en 2020 et - 50 % en 2050.

– Consommation d'électricité par rapport à sa valeur en 2008 : – 10 % en 2020 et - 25 % en 2050.

Objectif climat

Émissions de gaz à effet de serre par rapport à leur valeur en 1990 (-18,5 % en 2006) : - 40 % en 2020, - 55 % en 2030, - 70 % en 2040, - 80 à 95 % en 2050.

Objectif renouvelables

– Part des renouvelables dans la consommation d'électricité (18 % en 2009) : 35 % en 2020, 50 % en 2030, 65 % en 2040, 80 % en 2050.

de 409 TWh en 2009 à 180 TWh en 2020. En 2031, toutes les centrales nucléaires seraient arrêtées.

Comment répondre aux besoins d'électricité de la population française, en supposant que ce vecteur reste limité aux usages principaux que l'on en connaît aujourd'hui ?

La mise en œuvre d'une telle stratégie impose de mobiliser l'ensemble des moyens les plus efficaces et les moins polluants, en particulier en termes d'émissions de gaz à effet de serre, pour rebâtir un système électrique profondément différent de celui d'aujourd'hui aussi bien en termes de demande que d'offre électrique.

la voie vers les renouvelables

– Part des renouvelables dans la consommation d'énergie primaire (10% en 2009) : 18 % en 2020, 30 % en 2030, 45% en 2040, 60% en 2050.

Ces objectifs de « transition énergétique » sont accompagnés par la décision de sortie du nucléaire : deux réacteurs ont déjà été arrêtés en 2003 et 2005 et, sur les dix-sept réacteurs en fonctionnement début 2011, les sept réacteurs les plus anciens, tous construits avant 1980, déconnectés du réseau quatre jours après la catastrophe de Fukushima au Japon, ne seront pas relancés, sept autres réacteurs seront arrêtés d'ici 2021 et les trois derniers en 2022[2].

Le gouvernement allemand chiffre à 340 000 le nombre d'emplois consacrés aux énergies renouvelables en 2009, dont 102 000 pour l'éolien, 128 000 pour la biomasse et 81 000 pour le solaire.

1. Présentation par un représentant du gouvernement allemand le 1er juin 2011.
2. Décision du gouvernement allemand du 6 juin 2011.

Bien entendu, si de nouvelles applications de l'électricité se développaient d'ici 2030 (par exemple les véhicules électriques), les besoins pourraient augmenter significativement. Mais ils réduiraient d'autant les besoins d'autres ressources énergétiques et les émissions de gaz à effet de serre. La description de ces modifications exige un scénario d'ensemble comme celui que prépare l'association NégaWatt et sort de notre propos.

En 2020

Priorité aux économies d'électricité

La première partie de l'exercice consiste à estimer les économies d'électricité possibles dans les différents secteurs, habitat, tertiaire, industrie, transports, pour la satisfaction des besoins à leur valeur actuelle.

En 2009, pour satisfaire la consommation interne de la France il a fallu produire 516 TWh, (542 TWh de production totale, plus 19,2 TWh d'importations moins 44,9 TWh d'exportations)[1]. Cette production assure une consommation de 424 TWh d'électricité finale et 29 TWh de consommation du secteur de l'énergie (hors système électrique). Le reste (63 TWh) se répartit entre les consommations internes des centrales électriques, les pertes de transport et de distribution, et les dépenses électriques du pompage (voir annexe 2) Quant à la consommation d'électricité finale, elle se répartit entre 281 TWh pour le résidentiel et tertiaire, 126 TWh pour l'industrie, 4 TWh pour l'agriculture et 13 TWh pour les transports.

Dans le secteur résidentiel et tertiaire qui représente à lui seul les deux tiers de la consommation d'électricité, les consommations électriques de chauffage domestique et d'eau chaude sanitaire, *a priori* substituables par d'autres moyens non électriques, représentaient 85 TWh en 2009 (respectivement 62 et 23 TWh). Restent 200 TWh d'électricité dite « spécifique » : il s'agit du froid, de l'éclairage des locaux et de l'éclairage

1. Voir le bilan électrique français de 2009 en annexe 1.

public, de la climatisation, de la bureautique, de l'audiovisuel, des pompes, de l'électroménager, etc.

De nombreuses études montrent que, en France, des économies de 25 %, soit 50 TWh, sur la consommation spécifique d'électricité dans ce secteur sont accessibles à très bon marché à l'horizon 2020[1], dont 17 TWh pour l'éclairage, 8 TWh pour le froid et 5 TWh pour la climatisation, 12 TWh pour la bureautique et l'audiovisuel. À ce propos, la comparaison des évolutions de la consommation domestique d'électricité en France et en Allemagne depuis dix ans est très instructive. Alors que les Allemands consommaient la même quantité d'électricité spécifique domestique par habitant que les Français en 1998 (950 kWh par habitant), nos voisins en consommaient à peine plus en 2009 (2 % et 970 kWh par habitant) alors que nous en consommions 28 % de plus (1 230 kWh par habitant). Un écart de 26 % qui s'explique principalement par le contraste des politiques suivies par les deux pays au cours de ces dix années : en Allemagne, avec la décision de sortir du nucléaire, la volonté de maîtriser au mieux la consommation d'électricité des ménages par des politiques incitatives et des taxes énergie et CO_2 sur le prix du kilowattheure. En France, un laisser-faire total sur ces questions d'électricité. L'effort d'économie d'électricité proposé est donc totalement comparable à celui effectué par les Allemands au cours de la décennie précédente.

Mais la France possède une spécificité majeure,

1. Voir en particulier Global Chance et NégaWatt, « Du gâchis à l'intelligence. Le bon usage de l'électricité », *Les Cahiers de Global Chance*, n° 27, janvier 2010 (www.global-chance.org).

l'importance de sa consommation d'électricité pour le chauffage des bâtiments et de l'eau chaude sanitaire, pour un total de 85 TWh en 2009. C'est la conséquence directe de la stratégie de conquête du marché du chauffage poursuivie avec une très grande continuité depuis plus de trente ans dans notre pays. Cette politique n'est évidemment pas compatible avec la recherche d'économies d'électricité, indispensable pour sortir dans de bonnes conditions économiques et sociales du nucléaire et pour une utilisation rationnelle de l'énergie. Il faut donc s'en dégager dans les meilleures conditions possibles en évitant au maximum de recourir à des combustibles carbonés. Une politique de rénovation thermique des bâtiments concernés et d'éradication progressive des chauffages électriques domestiques à effet Joule[1] de 60 % du parc au profit de chauffages biomasse (pour un tiers), de pompes à chaleur et gaz naturel (pour les deux autres tiers), associée au remplacement des chauffe-eau électriques par des chauffe-eau solaires ou à gaz, permettrait une économie d'électricité de 45 TWh supplémentaires en 2020.

La somme de ces économies d'électricité (électricité spécifique + chauffage et eau chaude sanitaire) atteint donc 95 TWh en 2020 pour le secteur résidentiel et tertiaire.

Les mêmes études montrent qu'il existe également à l'horizon 2020 un potentiel d'économie d'électricité

1. L'effet Joule est l'échauffement d'une résistance électrique quand elle est traversée par un courant. C'est le principe utilisé dans les convecteurs électriques qui équipent de très nombreux logements en France.

de 20 TWh dans l'industrie et 1 TWh dans l'agriculture, avec des temps de retour d'investissement inférieurs à cinq ans. L'amélioration du rendement des moteurs électriques et l'utilisation des moteurs à vitesse variable représentent à eux seuls près de la moitié du potentiel d'économie d'électricité de l'industrie. Mais on peut raisonnablement supposer que l'activité industrielle va se développer plus rapidement, en particulier pour

Consommation d'électricité en 2020 et 2031 avec et sans augmentation de population en France métropolitaine

TWh	**2009**	**2020**		**2031**	
Population (million)	62,3	62,3	64,9*	62,3	67,2*
Electricité finale	**424**	**319**	**332**	**268**	**289**
Résidentiel tertiaire	*281*	*186*		*146*	
Industrie	*130*	*117*		*102*	
Agriculture	*4*	*3*		*3*	
Transports	*13*	*16*		*20*	
Secteur énergie	**29**		**17**		**15**
Pompage	**6,5**		**7**		**8**
Autoconsommation des centrales	**24**		**12**		**5**
Pertes de transport et distribution	**32,5**		**24**		**21**
Production pour les besoins nationaux	**516**		**392**		**338**

* *Source : « Projection de population pour la France métropolitaine à l'horizon 2050 », INSEE, juillet 2006.*

la réalisation des nouveaux investissements d'économie d'énergie et les énergies renouvelables. On ne retiendra donc qu'un chiffre nettement plus modeste de réduction des consommations de 12 TWh en 2020 pour le secteur industriel.

Dans les transports, il n'y a pas d'économie possible mais plutôt une augmentation de la consommation d'électricité du secteur. On sait que le développement des transports en commun est en effet une mesure prioritaire pour réduire la dépendance pétrolière et les émissions de CO_2. Et la construction des infrastructures correspondantes prend plusieurs années. C'est pourquoi nous n'envisageons qu'une croissance de 3 TWh en 2020 à 16 TWh contre 13 TWh en 2009.

Les besoins d'électricité finale de 2020 s'établiraient dans ces conditions à 319 TWh, pour une population de 62,3 millions d'habitants (France métropolitaine), et pour le même niveau de confort moyen. Compte tenu de la croissance démographique prévue, ils atteindraient 332 TWh en 2020.

Les besoins de production d'électricité

Pour reconstituer la capacité de production d'électricité nécessaire en 2020, il faut ajouter à ce chiffre de 332 TWh de consommation finale plusieurs postes de consommation d'électricité inéluctables :

- les consommations du secteur de l'énergie ;
- les consommations de pompage ;
- les autoconsommations des centrales électriques et les pertes d'électricité du transport et de la distribution d'électricité.

Le premier poste, de 29 TWh en 2009 diminuera autour de 17 TWh avec le remplacement prévu d'Eurodif par une usine de séparation beaucoup plus économe en électricité. L'usine de séparation Eurodif mobilise trois tranches de 900 MW de la centrale de Tricastin. La nouvelle usine, dont la mise en route est programmée en 2011 pour atteindre sa pleine production en 2016, ne mobilisera qu'environ 500 MW.

Les consommations de pompage augmenteraient légèrement en 2020 à 7 TWh. L'autoconsommation des centrales, principalement celle des centrales nucléaires, serait divisée par deux à 12 TWh, les pertes de transport et de distribution passeraient de 32,5 TWh à 24 TWh (ces pertes sont en effet proportionnelles à l'énergie électrique distribuée).

La somme des consommations inéluctables est de 60 TWh (17 + 7 + 12 + 24) et le besoin de production de 332 + 60 = 392 TWh.

En 2031

À l'horizon 2031, la demande d'électricité finale, toujours pour les mêmes besoins, peut encore diminuer de 40 TWh dans le résidentiel et tertiaire en achevant d'éradiquer les applications effet Joule du secteur et en poursuivant les mesures d'économie sur l'électricité spécifique (respectivement 25 et 15 TWh).

Dans l'industrie, les économies d'électricité supplémentaires consécutives à l'introduction de procédés industriels innovants, en particulier dans la sidérurgie et la chimie, et à la généralisation de moteurs performants sont estimées à 20 TWh. Pour tenir compte des besoins nouveaux de l'industrie des renouvelables, on propose cependant de ne retenir que 15 TWh d'économie d'électricité supplémentaire dans ce secteur.

La montée en puissance des transports guidés (l'ensemble des transports collectifs qui utilisent le rail comme infrastructure et qui fonctionnent en général à l'électricité) viendra par contre renforcer les besoins d'électricité du secteur transport autour de 20 TWh. Soit un besoin sectoriel final total de 268 TWh en 2031.

Compte tenu de la croissance démographique annoncée, la demande finale d'électricité en 2031 pourrait alors s'établir à 289 TWh. Auxquels s'ajouteraient 8 TWh de pompage, en augmentation de 12 % par rapport à 2020, 5 TWh d'autoconsommations des centrales (en forte décroissance après l'arrêt du nucléaire), 21 TWh de pertes de transport et distribution et 15 TWh de consommation du secteur énergie. Au total donc, un besoin de production d'électricité de l'ordre de 338 TWh en 2031.

La politique volontariste d'économie d'électricité proposée devrait donc permettre de faire chuter le besoin de production d'électricité en France de 516 TWh en 2009, autour de 390 TWh en 2020, et 340 en 2031, sans altérer le confort des Français ni handicaper l'industrie. Cette réduction des consommations d'électricité, dans un contexte de croissance démographique de 10 % sur la période 2010-2031 – tout en maintenant le confort des Français – est un élément fondamental de tout scénario raisonnable de sortie du nucléaire, mais aussi de la transition énergétique indispensable à long terme.

Cependant il est certain que par rapport à la vision que nous pouvons avoir aujourd'hui sur un horizon à vingt ans, des progrès techniques et économiques tant sur l'efficacité énergétique que sur les énergies renouvelables pourront survenir et modifier les choses. Les valeurs indiquées par nos évaluations comme d'ailleurs par des méthodes plus complexes restent des ordres de grandeur de ce qui paraît possible aujourd'hui et ne sont pas gravées dans le marbre. La prospective est avant tout un outil d'aide à la décision.

Par quoi remplacer le nucléaire ?

En 2020

Dans le scénario proposé, le nucléaire ne produit plus que 180 TWh en 2020. Il faut donc produire 210 TWh par d'autres moyens pour boucler le bilan à 392 TWh.

Les objectifs du Grenelle de l'environnement pour 2020 qui portent l'hydraulique à 70 TWh, l'éolien à 53 TWh, le photovoltaïque à 5 TWh, l'électricité issue de la biomasse à 15 TWh, garantissent une production renouvelable de 143 TWh s'ils sont respectés.

Reste un déficit d'électricité de 69 TWh à combler par de l'électricité d'origine fossile. Si l'on produit pour l'essentiel cette électricité avec du gaz naturel dans des cycles combinés ou en cogénération, les émissions de gaz à effet de serre du secteur électrique atteindraient 28 millions de tonnes de CO_2. La production d'électricité d'origine fossile proposée en 2020, légèrement supérieure à celle de 2009 (56 TWh), est cependant moins émettrice de CO_2 (37 millions de tonnes de CO_2 en 2009).

On voit donc qu'un programme très volontariste mais économiquement raisonnable d'économie d'électricité, centré sur les secteurs résidentiel et tertiaire, associé au respect des engagements de production d'électricité renouvelable du Grenelle de l'environnement, permet de diviser par un facteur supérieur à deux la production d'électricité nucléaire en France en 2020.

Le bilan CO_2

Dans le même temps, le bilan CO_2 du secteur électrique s'améliore. Il faut cependant vérifier que le bilan global d'émissions de CO_2 du système énergétique n'est pas détérioré par l'abandon progressif du chauffage électrique à effet Joule. En effet une partie du chauffage des locaux, de l'ordre du tiers (environ 20 TWh), sera assurée par du gaz et non plus de l'électricité en 2020. Il faut donc comparer ces émissions avec celles produites par le chauffage électrique actuel de ces locaux. Les émissions de CO_2 d'un tel chauffage au gaz atteindront environ 5 millions de tonnes de CO_2 (un chauffage au gaz naturel émet 240 g de CO_2 par kWh). En contrepartie, on aura économisé 20 TWh d'électricité d'hiver dont le contenu en CO_2 est élevé comme nous l'avons souligné plus haut. En effet pendant les périodes de « pointe » d'hiver, le supplément de puissance nécessaire ne peut être fourni économiquement que par des centrales à combustibles fossiles, charbon, fioul ou gaz naturel. Aux périodes de plus grand froid, la pointe de consommation peut atteindre plus de 95 GW et les appels de puissance dus au chauffage représentent alors au moins 35 GW. Le réseau de transport d'électricité (RTE) doit faire appel à des quantités importantes d'électricité d'origine fossile, française ou en provenance de ses voisins européens. Le kilowattheure électrique de chauffage comprend donc aujourd'hui une proportion importante d'électricité d'origine fossile. Il est source d'émissions de CO_2 nettement supérieures aux émissions de CO_2 annoncées pour la moyenne annuelle du kilowattheure. L'Agence de l'environnement et de la maîtrise de l'énergie (ADEME) et RTE[1], dans une note vite enterrée, montraient en 2007 que l'introduction d'un chauffage électrique nouveau entraînait des émissions de CO_2 par kWh deux fois plus élevées qu'un chauffage au gaz naturel. La substitution du chauffage électrique par du chauffage au gaz ou des moyens performants comme les pompes à chaleur peut donc se traduire par une économie d'émissions.

Le scénario que nous venons d'esquisser suppose un effort de sobriété et de redistribution important entre Français puisqu'il admet pour hypothèse une stabilisation du volume des services électriques à leur niveau actuel. Il est néanmoins tout à fait vraisemblable puisqu'il conduit en 2020 à des consommations d'électricité par habitant dans le secteur résidentiel, le plus touché par les mesures proposées, analogues à celles des Allemands en 2009 (1 690 kWh par habitant et par an).

1. ADEME et RTE, *Le Contenu en CO_2 du kWh électrique : avantages comparés du contenu marginal et du contenu par usages sur la base de l'historique*, octobre 2007, note révélée par l'association « Agir pour l'environnement » en janvier 2008.

Et en 2031 ?

Les fourchettes de possibilité de production d'électricité renouvelable s'ouvrent beaucoup plus largement à l'horizon 2031.

Les projections actuelles permettent de concevoir à cet horizon une production de 110 à 140 TWh d'éolien (dont 30 à 60 TWh off-shore), 40 TWh d'électricité biomasse, comme c'est déjà le cas en Allemagne en 2010, 50 TWh à 70 TWh de photovoltaïque, 10 à 20 TWh d'autres renouvelables (géothermie, énergies marines, etc.), auxquels s'ajoutent les 70 TWh d'hydraulique. Au total donc un minimum de 270 TWh de renouvelables, avec la possibilité d'atteindre une production de plus de 340 TWh. Dans l'hypothèse basse, pour boucler le bilan à 340 TWh, il faudrait produire 70 TWh d'électricité grâce à des cycles combinés à gaz naturel, responsables de 28 millions de tonnes de CO_2. Dans les hypothèses plus favorables, la production d'électricité renouvelable permettrait de couvrir des besoins nouveaux et de substituer ainsi de l'électricité à des combustibles fossiles.

À condition de poursuivre résolument la politique d'économie d'électricité spécifique, d'éradication des applications effet Joule dans le résidentiel et le tertiaire, et de promotion de procédés électriques en rupture dans l'industrie, il est donc possible de sortir totalement du nucléaire aux alentours de 2030 tout en maintenant les émissions de CO_2 du système électrique à un niveau très bas de l'ordre de 25 à 30 Mt de CO_2.

Ce résultat suppose une mobilisation importante mais raisonnable en faveur des énergies renouvelables. Il suppose aussi un effort de sobriété et de solidarité

Approvisionnements en 2020 et 2031 pour les besoins français du scénario « Sortie du nucléaire »

TWh	**2009**	**2020 sortie du nucléaire**	**2031 sortie du nucléaire**
Thermique classique	56	69	70
Nucléaire	365 *	180	0
Hydraulique	62	70	70
Éolien	8	53	110
Photovoltaïque	0,2	5	50
Biomasse	6	15	40
Importations	19	0	0
Total	**516**	**392**	**340**

** La production nucléaire de 2009 (410 TWh) est diminuée de 45 TWh d'exportations et l'on suppose que les échanges éventuels en 2020 et 2030 sont équilibrés.*

de la part des couches les plus aisées de la population française sans lequel les besoins globaux d'énergie ne pourront en aucun cas être contenus.

Il serait enfin très insuffisant que cet effort ne soit concentré que sur l'électricité puisqu'il faut en même temps diviser par environ 2,5 à 3 les émissions de CO_2 françaises en 2030 pour rester en ligne avec l'exigence de la réduction d'un facteur 4 en 2050 des émissions de gaz à effet de serre par rapport à 1990. En effet l'électricité ne compte que pour un cinquième environ de l'énergie finale consommée par les Français. Le solde de la consommation finale d'énergie qui repose en très forte majorité sur des produits fossiles (carburant, gaz naturel, fioul lourd et fioul domestique, charbon) est responsable de plus de 80 % des émissions de CO_2 en provenance de l'énergie. Les postes principaux d'émission se situent dans les transports automobiles et dans le chauffage des locaux. L'effort d'économie d'énergie doit donc porter principalement sur ces deux secteurs, en plus du secteur électrique.

La question du coût d'une sortie du nucléaire

Dernier épouvantail dressé par le lobby pronucléaire, le chaos économique que ne manquerait pas de créer une sortie du nucléaire : le coût de l'électricité multiplié par quatre, la destruction de dizaines de milliers d'emplois, l'industrie française atteinte dans ses fondements les plus profonds, la facture énergétique qui s'envole…

Tout est bon pour persuader nos concitoyens que nous vivons dans le meilleur des mondes électriques possibles. À l'appui de ces affirmations, le ministère de l'Industrie a longtemps présenté des exercices prospectifs de comparaison des filières électriques, « les coûts de référence de l'électricité », qui, très systématiquement, montraient l'avantage économique du nucléaire. Pas un mot, bien entendu, dans ces exercices, de « coûts de référence de filières d'économie d'électricité » qui auraient permis un début de mise en perspective de scénarios plus sobres en électricité. Plus grave, dans le dernier exercice de ce genre présenté en 2003 par le ministère de l'Industrie, il n'était plus même question de justifier le détail des coûts d'investissement et d'exploitation des futures centrales nucléaires : vous comprenez, nous disait-on, c'est une question de secret industriel vitale pour l'économie française. Le moindre accès à ces chiffres compromettrait nos entreprises nationales guettées par une concurrence étrangère sans pitié !

Des éléments d'appréciation

Il n'est évidemment pas question ici de réaliser un chiffrage comparatif exhaustif d'un scénario de sortie du nucléaire d'ici 2030 et de celui d'une poursuite du nucléaire telle qu'envisagée dans les projections du ministère de l'Industrie. On peut cependant donner quelques indications générales qui permettent d'éviter les caricatures qu'on voit se développer autour des coûts astronomiques qu'engendrerait la moindre entorse à l'orthodoxie productiviste nucléaire.

Un point majeur tout d'abord et systématiquement négligé, voire délibérément masqué : le fait que les économies d'électricité engendrent des économies majeures, à la fois pour les usagers, en particulier les plus pauvres, et aussi pour la collectivité. Ce point était apparu très clairement dans l'étude réalisée pour Lionel Jospin déjà citée et mérite d'être très fortement souligné. Les coûts globaux des scénarios économes en électricité étaient systématiquement inférieurs de 10 à 20 % à ceux des scénarios plus dispendieux en électricité, quel que soit le système de production électrique retenu.

Donnons-en quelques exemples en comparant les

coûts de mise à disposition d'électricité aux usagers à ceux de mesures d'économie d'électricité. Si l'on remplace un chauffage à effet Joule dans un appartement consommant 10 000 kWh d'électricité par une pompe à chaleur de coefficient de performance 3, on économisera 6 600 kWh par an pendant les vingt ans de sa durée de vie. L'économie actualisée (avec un taux d'actualisation de 8 %) sera de 70 000 kWh pour un investissement de 5 000 euros, soit 7 centimes d'euro d'investissement par kilowattheure. Autre exemple, le froid alimentaire où un surcoût d'investissement de 100 euros permet d'accéder à la catégorie A ++ des réfrigérateurs (les plus économes) et d'économiser au moins 250 kWh[1] par an pendant vingt ans, avec un coût de l'ordre de 4 centimes d'euro par kilowattheure.

De même pour les ampoules basse consommation : une ampoule économe de 20 watts, qui permet d'économiser 80 watts pendant 1 000 heures par an, et d'une durée de vie de dix ans, produit une économie actualisée d'électricité de 580 kWh pour un surinvestissement de 5 à 6 euros environ, soit 1 centime d'euro d'investissement par kilowattheure évité. En plus, dans ce cas, le bilan est encore plus favorable car il aurait fallu changer cinq à sept fois l'ampoule à incandescence dont la durée de vie n'excède pas 1 500 à 2 000 heures.

Dans les trois exemples précédents, les coûts d'économie d'électricité, respectivement 7, 4 et 1 ct/kWh, sont toujours nettement inférieurs aux coûts de production de transport et de distribution d'électricité

1. *Op. cit.*

qui se situent autour de 10 centimes (hors taxes) en France aujourd'hui.

Bien entendu, en mettant de côté les dangers spécifiques du nucléaire, on pourrait imaginer un scénario « tout nucléaire » associé à un programme ambitieux d'économies d'électricité comme le proposent certains. Le nucléaire n'a jamais été mis en place dans cet esprit, mais dans celui d'une substitution permettant, dans l'esprit de ses promoteurs, une poursuite des tendances anciennes de développement indéfini de consommation. Il se caractérise par l'ampleur des coûts d'investissement et la relative faiblesse des coûts de combustible : le producteur d'électricité a donc intérêt à vendre un maximum d'électricité pour amortir son investissement. Et puis, la centralisation qu'implique la taille des unités de production nucléaire est très antagonique des conditions d'initiative locale sur lesquelles repose une politique de maîtrise de l'énergie. Les décisions récentes de construction de deux nouveaux réacteurs à Flamanville et Penly, totalement inutiles pour boucler le bilan électrique national dans le contexte post-Grenelle, montrent à quel point ces deux concepts se révèlent parfaitement incompatibles en France.

Le second point, sur lequel nous avons déjà insisté dans le premier chapitre, concerne les termes mêmes de la comparaison des coûts de production d'électricité dans les années qui viennent.

Certaines des analyses économiques qui circulent sont en effet produites en comparant les coûts d'un nucléaire actuel amorti et qui ne satisfait pas aux normes les plus récentes de sûreté avec ceux de filières qui n'ont pas encore atteint leur pleine maturité industrielle. Pourtant, à l'exception des installations hydrauliques, la quasi-totalité de l'infrastructure nécessaire pour approvisionner la France en électricité en 2030 ou 2040, y compris en termes de réseau, devra être renouvelée. Et si les coûts futurs du photovoltaïque font encore débat, on dispose par contre d'une évaluation assez précise des coûts d'investissement de la filière éolienne, appelée à jouer un grand rôle de substitution à court et moyen terme.

L'étude « Feuille de route » de l'ECF au niveau européen apporte d'autre part une information déterminante sur l'aspect économique de la transition électrique. Cette étude décrit trois chemins possibles vers la décarbonisation complète de la production d'énergie électrique en Europe à l'horizon 2050 : un scénario « tout renouvelable » et deux scénarios qui, au côté des renouvelables, font un appel plus ou moins significatif à l'énergie nucléaire et au captage et stockage dans le sous-sol terrestre du CO_2 des centrales à énergie fossile. Elle montre que les coûts globaux pour les consommateurs et pour l'économie européenne de la transition vers un système électrique décarboné à très forte dominante renouvelable sont du même ordre que ceux d'un système à dominante nucléaire ou fossile.

Par contre, le niveau d'investissement nécessaire change de manière significative dans les quinze ans qui viennent pour amorcer cette transition vers les renouvelables. Selon ECF, le rythme d'investissement d'infrastructures de réseau et de production devrait doubler jusqu'en 2020 ou 2025. En revanche la facture énergétique globale et les frais d'exploitation commenceraient à baisser à partir de 2020.

L'ensemble de ces éléments converge pour indiquer que, contrairement aux déclarations péremptoires et non argumentées de certains, le coût global d'une stratégie de sortie du nucléaire sur la période 2010-2030 reste du même ordre que celle du *statu quo* nucléaire actuel.

La comparaison économique d'un scénario de sortie du nucléaire à bas profil électrique (310 TWh en 2050) et d'un scénario de maintien du nucléaire sans effort important d'économie d'électricité (500 TWh en 2050) est instructive[1] : selon les hypothèses de coût des filières retenues, le coût du kilowattheure est 11 à 12 % moins cher dans le scénario « maintien du nucléaire » mais la facture annuelle globale est 46 à 47 % plus élevée par rapport au scénario « sortie du nucléaire » (de 54 à 63 G€ pour le scénario « sortie du nucléaire » et de 79 à 90 G€ dans le cas du maintien du nucléaire) ; l'augmentation modérée du coût du kilowattheure est donc très largement compensée par la baisse des consommations d'électricité nécessaires pour assurer les mêmes services. La différence des coûts des factures annuelles, de l'ordre de 25 milliards d'euros, est très supérieure au coût annuel d'amortissement des opérations d'économie d'électricité qu'on peut chiffrer autour de 10 milliards d'euros : sur la base de 5 centimes par kilowattheure économisé, l'économie annuelle entre les deux scénarios s'élèverait à 0,05 €/kWh × 190 TWh = 9,5 G€.

Il faut enfin tenir compte des incertitudes liées aux

1. « Sortir du nucléaire en 20 ans », Benjamin Dessus, www.global-chance.org

coûts du démantèlement des installations nucléaires et du stockage des déchets dont on a vu l'ampleur au chapitre premier.

Quel coût d'assurance pour un accident majeur ?

Nous avons vu que le risque d'accident majeur en France est loin d'être nul contrairement à ce qu'on imagine.

Se posent alors deux questions : l'estimation du coût financier d'un tel accident et le calcul de la prime d'assurance correspondante.

L'estimation du coût d'un accident majeur est évidemment très difficile. Ce coût cumule en effet des coûts de vie humaine et de santé, des coûts de stérilisation de surfaces agricoles, des coûts d'atteinte à la biodiversité, des coûts industriels, etc., qu'il n'est pas simple de déterminer sans conteste. Le coût de celui de Tchernobyl fait l'objet de nombreuses controverses. En 2006, La Documentation française évaluait déjà les dépenses des trois pays principalement concernés à plus de 500 G$[1]. L'indemnisation encore très provisoire des victimes de Fukushima, puisque les accidents se poursuivent encore, se négocie à hauteur de plusieurs dizaines de milliards d'euros. De même les pertes de Tepco se chiffrent déjà à plusieurs dizaines de milliards. Il y a donc tout lieu de penser que le coût d'un accident majeur se chiffre entre cent et plusieurs centaines de milliards d'euros. Il faut prendre conscience

1. « Tchernobyl, 20 ans après », www.ladocumentationfrancaise.fr/dossiers/heritage-sovietique/tchernobyl.shtml.

qu'un tel coût est au moins du même ordre de grandeur que le coût d'investissement du parc nucléaire français estimé en 2000 par l'étude Charpin-Dessus-Pellat à environ 80 milliards d'euros.

Comment assurer un tel coût ?

Aujourd'hui il n'y a pas de réponse claire de la profession des assurances à ce sujet. En fait, seule une petite part des coûts (inférieure à 1%) est assurée par les producteurs ou les États. Le reste n'est simplement pas couvert par une assurance.

On peut donner un ordre de grandeur du coût d'assurance en imaginant que la France, avec 13 % du parc mondial de réacteurs, soit placée dans les mêmes conditions de risque que celles qui ont prévalu depuis trente ans dans le monde, où quatre réacteurs (un à Tchernobyl et trois à Fukushima) ont connu des accidents majeurs. Il faudrait alors assurer le parc contre un risque d'accident de $4 \times 0{,}13 = 0{,}5$ accident tous les trente ans.

Sur cette base, pour un coût d'accident majeur de réacteur compris entre 100 et 200 milliards d'euros, la prime annuelle nécessaire, placée à un taux d'intérêt réel de 2 % (4 % avec l'inflation actuelle en France), pour constituer la cagnotte nécessaire, serait de 1,2 à 2,4 milliards d'euros pour une production annuelle de 400 TWh, soit 3 à 6 €/MWh. Mais il faudrait trente ans pour ainsi constituer cette cagnotte, ce qui laisse entière la question de l'indemnisation d'un accident qui se produirait les premières années. Si l'on est plus exigeant, en se disant que la catastrophe peut se produire bien avant, par exemple, au bout de quinze ans, il faut alors, pour le même taux d'intérêt, forcer la prime autour de 2,9 milliards d'euros soit 7,25 €/MWh. Si on veut la constituer encore plus vite, par exemple en dix ans, il faut y consacrer 4,7 milliards d'euros par an et 11,5 €/MWh.

Bien entendu, si c'est un assureur qui prend en charge ce risque, il sera plutôt tenté de prendre la deuxième ou la troisième solution en y ajoutant sa propre rémunération… De toute façon, aucun assureur aujourd'hui ne semble prêt à prendre ce risque. À l'État, donc au contribuable, de prendre en charge le risque !

Finalement, et contrairement à ce que l'on pourrait croire, les scénarios de poursuite du nucléaire présentent plus d'aléas économiques et financiers que les scénarios de sortie du nucléaire. Nous n'en avons souvent pas conscience pour deux raisons : nous oublions que le parc actuel, entièrement amorti, n'est pas la bonne référence de coût pour l'avenir et nous oublions aussi de comptabiliser sérieusement une série de dépenses (le stockage des déchets, le démantèlement, les conséquences d'un accident majeur) sur lesquelles règnent de très fortes incertitudes. Les scénarios de sortie du nucléaire par contre ne supportent que les aléas économiques beaucoup plus faibles de l'apprentissage industriel des filières de production d'électricité renouvelable ou d'économie d'électricité. S'affranchir du nucléaire au profit de l'économie d'électricité et des renouvelables ne revient donc pas à lâcher la sécurité économique, comme on le croit souvent, mais bien au contraire à réduire les marges de risque économique et financier pour les décennies qui viennent.

… N'attendons plus !

De l'obstination à la raison

La communication du gouvernement et de l'industrie nucléaire repose le plus souvent sur de fausses évidences, des omissions coupables, des calculs orientés, voire biaisés, pour convaincre l'opinion du caractère inéluctable de la poursuite à l'identique de la politique nucléaire actuelle. Ni le taux d'indépendance énergétique, ni les économies de gaz à effet de serre, ni les coûts du nucléaire, ni l'activité industrielle, quand on les regarde objectivement, ne méritent les louanges sans partage que lui adresse l'oligarchie politique et industrielle qui nous dirige encore.

Nous avons montré les incertitudes majeures qui règnent sur les coûts et la fiabilité des dispositifs de l'aval du système nucléaire : démantèlement, stockage et gestion des déchets.

Nous avons montré que cette politique, fondée sur une centralisation forcenée des décisions de politique énergétique, place la France sur une trajectoire énergétique totalement antinomique des nouveaux concepts qui sont au cœur de la « transition énergétique », reconnue comme indispensable par la communauté internationale : décentralisation et prise en charge de la question énergétique par les communautés territoriales et les citoyens, sobriété, efficacité énergétique, intelligence des réseaux, énergies renouvelables.

Nous avons montré comment Fukushima, après Tchernobyl, a permis de faire brutalement comprendre aux citoyens français que les risques du nucléaire n'étaient pas réservés à des mondes étrangers, sinon étranges, mais qu'ils pouvaient parfaitement nous atteindre, malgré l'excellence revendiquée par nos gouvernants.

Nous avons montré qu'il était possible de dessiner des alternatives crédibles au nucléaire, fondées sur les économies d'électricité et les énergies renouvelables, sans « revenir à la bougie ou à l'homme de Cro-Magnon » comme on l'entend souvent.

Nous avons enfin montré que le socle économique de la nouvelle ligne Maginot dressée par l'oligarchie nucléaire française laissait subsister de larges brèches.

La sortie du nucléaire sans à-coups est possible sur une vingtaine d'années. Mais il faut bien garder à l'esprit que si un nouvel accident grave ou majeur devait se produire, cette fois-ci en Europe ou en France, ou bien si un défaut générique majeur se manifestait sur tout ou partie du parc nucléaire français, la situation serait extrêmement difficile à gérer du fait de la dépendance excessive de notre consommation d'électricité à la production d'origine nucléaire. C'est alors que l'on pourrait bien « revenir à la bougie ». Il est inacceptable qu'aucune étude ne soit consacrée aujourd'hui, par les ministères concernés, aux conséquences d'une telle situation. Le précédent japonais, dont on voit aujourd'hui apparaître les très grandes difficultés d'approvisionnement en électricité pour la période d'été, devrait pourtant inciter les pouvoirs publics à entreprendre au plus vite les études indispensables. C'est d'autant plus nécessaire que la proportion de nucléaire dans la production d'électricité est beaucoup plus élevée en France (76 % en 2009) qu'au Japon (28 % en 2009). Quels moyens de remplacement mobiliser ? Quelle solidarité européenne escompter ? Quelles priorités d'approvisionnement dans chacun des secteurs de l'économie française ? Quelles substitutions d'énergie engager de toute urgence ? C'est à ce genre de questions qu'il s'agit d'apporter des éléments de réponse qui manquent aujourd'hui, tant l'hypothèse d'un accident majeur en France reste dans l'administration un sujet tabou.

Reste que pour réussir une sortie du nucléaire sans à-coups en France dans les vingt ans qui viennent, il faut s'en donner les moyens, en particulier sur trois points majeurs :

– la mise en route dans l'urgence d'un programme enfin sérieux de réduction de la consommation électrique et des consommations énergétiques en général, tout en éradiquant la précarité énergétique des plus démunis ;

– l'élaboration d'un programme crédible, aussi bien du point de vue industriel qu'économique, de développement des filières électriques renouvelables et d'un réseau électrique adapté à la décentralisation de cette production pour éviter à notre pays de se trouver hors jeu au plan européen et mondial ;

– l'organisation d'une retraite réussie du nucléaire

français, en développant parallèlement un savoir-faire sur le démantèlement des installations et le stockage des déchets.

Un programme ambitieux de réduction de la consommation électrique

La crédibilité d'un tel programme repose en grande part sur la capacité de susciter des économies d'électricité importantes dans le résidentiel et tertiaire. Cette politique doit être menée dans un double objectif : économie d'électricité et lutte contre la précarité. L'inégalité des consommateurs est très sensible face à l'électricité en France, en particulier pour le chauffage des logements. C'est en effet souvent dans ceux qu'occupent les ménages les plus pauvres, la plupart du temps en location, que règne sans partage le chauffage électrique, dont le coût de mise en place pour les propriétaires bailleurs est plus faible que celui de systèmes plus économes.

Outre un décret d'interdiction de tout nouveau chauffage à effet Joule dans le résidentiel et le tertiaire neuf, la première des priorités est donc le lancement d'un programme de dix ans d'isolation des locaux concernés qui allégera d'autant les factures de chauffage des habitants qui les occupent. Un tel programme suppose une vraie mobilisation pérenne des grands organismes HLM, des collectivités territoriales, des corps techniques du bâtiment et de l'État.

L'éradication du chauffage électrique au profit de

pompes à chaleur, de chauffages au bois et au gaz naturel efficaces, suppose la mise en place d'une ingénierie financière qui permette de lisser les dépenses d'investissement en affectant les économies réalisées au financement de cet investissement. Un tel dispositif devrait être complété par une politique tarifaire progressive de l'électricité qui défavorise très clairement les gaspillages d'électricité. La généralisation du chauffe-eau solaire permettra de son côté des économies sensibles d'électricité et de gaz.

Dans le domaine de l'électricité spécifique (éclairage, électroménager, bureautique, audiovisuel) qui représente, avec 200 TWh, près de la moitié de la consommation d'électricité finale en France, on assiste depuis dix ans à un dérapage très rapide de la consommation, en particulier dans les couches les plus aisées de la population. Pour revenir à une consommation par habitant du même ordre que celle de nos voisins allemands (de 25 % inférieure à la nôtre), il faut mettre en place à la fois une politique industrielle qui favorise les efforts d'innovation dans l'efficacité électrique et des outils d'incitation à la sobriété dans les comportements d'achat et d'usage des appareils électriques. Le succès des politiques de bonus-malus pour l'achat des véhicules pourrait être utilement imité pour certains appareils électriques, ainsi que l'utilisation judicieuse du mécanisme des certificats d'économies d'énergie, en complément du classement indicatif d'efficacité que nous connaissons aujourd'hui pour certains d'entre eux. On cumulerait ainsi les bénéfices sociaux d'un accès moins onéreux à l'achat et à l'usage d'appareils considérés aujourd'hui comme indispensables et ceux d'une incitation à la modération de l'achat et de l'usage d'appareils inutilement gaspilleurs d'énergie électrique.

Les énergies renouvelables et le réseau intelligent

Dans ce domaine, la France, au contraire de l'Allemagne par exemple, suit depuis une dizaine d'années une politique de *stop and go* tout à fait préjudiciable à la construction d'une industrie nationale puissante, mais aussi à une pénétration significative de l'électricité d'origine renouvelable. Le tout dans un contexte institutionnel très centralisé qui laisse peu de place à l'initiative locale et aux PME. Il est très révélateur de voir en France la concentration très rapide de l'activité industrielle du secteur de l'électricité renouvelable autour de grands noms de l'énergie, EDF, Areva, Total, au détriment des entreprises de taille beaucoup plus modeste disposant d'une forte implantation locale. En ce qui concerne le réseau intelligent, la prééminence absolue du nucléaire avec son aspect hypercentralisé a toujours stérilisé toute initiative visant à promouvoir un réseau adapté aussi bien à la cogénération électricité et chaleur qu'à l'accueil de productions locales d'électricité. Notons que la taille des centrales nucléaires actuelles de l'ordre de 4 GW (quatre réacteurs) et leur éloignement des grandes villes interdisent pratiquement l'utilisation de la chaleur perdue par ces centrales (8 GW) dans l'atmosphère ou les fleuves. Le réseau de transport d'électricité renâcle, avec l'appui tacite de l'administration, à réaliser les extensions de réseau indispensables. Quant à EDF, après des décennies de mauvaise volonté et de faux-semblant tarifaires, elle propose à titre de « compteur intelligent » un appareil très inadapté aux nouvelles opportunités qu'offrent le concept de *smart grid* et les énergies renouvelables.

Plus largement, l'optimisation recherchée du système électrique exige une révision complète du centralisme absolu qui a régné jusqu'ici dans le domaine électrique. La gestion optimale de l'offre et de la demande d'électricité au niveau local impose une organisation qui laisse beaucoup plus d'autonomie à l'initiative locale et à des dispositifs de solidarité nouveaux entre les différents usagers et territoires.

L'organisation d'une retraite réussie du nucléaire français

Chacun sait que les plus grands généraux sont ceux qui savent réussir la retraite et transformer ainsi parfois la défaite apparente en victoire. C'est bien ce qu'il faut réussir pour le nucléaire français. La sortie du nucléaire exige une décision politique forte et clairement affichée par une loi. Elle suppose une organisation méticuleuse des étapes, des choix et des conditions de cette sortie. Elle doit comporter des mesures d'accompagnement relatives à la sûreté des installations, à la protection des travailleurs et des populations, au lancement des chantiers indispensables à l'établissement d'une situation post-sortie sinon idéale, du moins acceptable. Rien ne serait pire que des atermoiements et des hésitations permanentes entre des politiques contradictoires qui ne pourraient qu'entraver la mise en œuvre de la transition énergétique.

La sortie du nucléaire doit aussi en parallèle conduire à :

- arrêter les activités génératrices de risques qui ne sont pas indispensables à la production d'électricité ;
- arrêter progressivement les centrales nucléaires selon un rythme régulier et programmé sur une vingtaine d'années, en fonction des risques relatifs qu'elles présentent.
- renforcer la sûreté des installations maintenues, la protection des travailleurs et de la population ;
- mettre en place les activités et les installations indispensables pour assurer dans les meilleures conditions la gestion des déchets radioactifs et le démantèlement des centrales et usines nucléaires arrêtées.

Le combustible MOX

Si l'on applique ces quelques principes de simple bon sens aux questions qui concernent le combustible nucléaire, on prend conscience de l'urgence d'arrêter la fabrication du combustible MOX et l'extraction du plutonium des combustibles irradiés par le retraitement. Le MOX n'est en effet nullement indispensable à la production d'électricité du parc actuel et son utilisation présente des risques très nettement supérieurs à celui de l'uranium enrichi. Le retraitement, supposé permettre un recyclage à 96 % des matières radioactives, conduit quant à lui à l'accumulation d'un stock de plutonium chaque année plus important, porteur de risques majeurs. Cet arrêt du retraitement n'implique pas pour autant l'arrêt de l'usine de la Hague : il existe en effet un travail considérable à entreprendre dans des activités de conditionnement et de stockage de la masse des déchets existants et à venir.

Les déchets radioactifs

L'application de ces mêmes principes à la question du stockage des combustibles irradiés conduit à l'arrêt définitif du projet d'enfouissement à grande profondeur et donc du laboratoire de Bure au profit d'un stockage en subsurface. Le débat public organisé par la Commission nationale du débat public (CNDP) en 2006 sur les déchets nucléaires avait permis de faire émerger une idée nouvelle et fructueuse. Yves Mansillon, président du CNDP présentant le bilan du débat, affirmait : « La population a montré son incrédulité totale à l'égard des prévisions à long terme [justifiant aux yeux de l'administration le choix d'un stockage géologique] : personne ne peut savoir ce qui se passera dans mille ans, dans dix mille ans. Est apparue l'idée qu'aux échéances d'une ou de quelques décennies, il était sage d'ajouter des échéances de moyen terme (100-150 ans). » Il ajoutait : « [...] l'apport le plus notable du débat public est l'apparition d'une nouvelle stratégie... l'idée d'entreposage pérennisé, non plus solution provisoire, fût-elle de longue durée, mais autre solution de stockage. »

Cette stratégie d'entreposage pérennisé à sec et en subsurface pour les combustibles irradiés (qui ne seraient plus retraités) et des autres déchets radioactifs en lieu et place du stockage définitif à grande profondeur recueillait le consensus du public et d'une grande partie des experts. Elle a pourtant été totalement négligée dans la loi de 2006 au profit de la stratégie soutenue par l'administration et le lobby nucléaire, le stockage géologique, sans doute parce que c'est un bon moyen de faire oublier le problème qu'ils ont engendré.

Les centrales nucléaires

L'EPR en construction

L'arrêt programmé des réacteurs nucléaires sur la base d'environ trente ans de fonctionnement et la sortie du nucléaire en une vingtaine d'années impliquent l'annulation de tout nouveau projet de construction de nouveaux réacteurs nucléaires (notamment du projet de Penly) et l'arrêt de la construction du réacteur EPR de Flamanville. Il n'y aurait en effet aucun sens à poursuivre la construction d'un réacteur qui démarrerait autour de 2013 et n'aurait qu'une durée de fonctionnement de vingt ans au maximum alors qu'il serait prévu pour une durée de soixante ans et qu'il est présenté par ses promoteurs comme le réacteur du XXIe siècle. Outre les défauts que ce réacteur présente sur le plan de la sûreté (voir chapitre 2), ce serait une grave erreur sur le plan économique de poursuivre ce chantier pour une utilisation aussi brève.

Les centrales existantes

Les 19 centrales nucléaires en France et les 58 réacteurs qui les équipent sont présentés en annexe 2. La puissance électrique nette totale du parc nucléaire français est de 63 130 MW, et sa production électrique nette était de 390 TWh en 2009.

En 2011, 13 réacteurs ont déjà dépassé une durée de fonctionnement de trente ans en année pleine (le premier réacteur des centrales actuellement en fonctionnement est situé à Fessenheim et a été connecté au réseau en 1977). La fixation d'un rythme régulier d'arrêt définitif sur une période de vingt ans des réacteurs nucléaires actuellement en fonctionnement conduit à une mise à l'arrêt d'environ 3 000 MW par an.

Le choix des réacteurs à arrêter en priorité doit être déterminé par une analyse multicritère publique et transparente, associant des experts indépendants français et étrangers qui prennent en compte différents facteurs de risque, internes et externes (autant que l'on puisse tous les identifier) :

- niveau de la sûreté nucléaire par rapport au risque d'accident grave ou majeur (tenue des cuves notamment) ;
- degré de sismicité ;
- risques d'inondation ;
- population dans un rayon de 100 km et conditions d'évacuation éventuelle ;
- autres agressions extérieures, y compris les actes de malveillance.

En ce qui concerne la sûreté nucléaire, l'âge des réacteurs est certainement un facteur important mais pas le seul. On sait en effet que l'occurrence d'un accident grave n'a pas été prise en compte dans la conception des centrales existantes. Il est donc important de connaître précisément les faiblesses relatives des différents réacteurs dans ce domaine. Par contre, la différenciation des sites en fonction du dernier critère est délicate. Il est possible également que des conditions d'organisation, de management ou d'expérience permettent de différencier les sites par rapport au facteur humain.

Cela confirme la nécessité d'un audit indépendant, détaillé, de tout le parc nucléaire, prenant en compte ces différents critères. En tout état de cause et sous réserve de cet audit indépendant, les centrales de Fessenheim et Tricastin à cause des risques sismiques et d'inondation, les réacteurs de 900 MW ayant dépassé trente ans, la centrale du Blayais à cause du risque d'inondation, les centrales de Nogent-sur-Seine, de Cattenom et du Bugey du fait de la proximité d'une population nombreuse, la centrale de Gravelines, voisine de sites industriels Seveso, devraient être probablement les premières arrêtées.

Enfin, les opérations de démantèlement doivent être organisées et programmées dès l'arrêt définitif des centrales.

Management et conditions de travail

Le premier responsable de la sûreté d'une centrale est l'exploitant, et les premiers touchés par le risque nucléaire, en fonctionnement normal (maintenance) et en cas d'accident, sont les travailleurs de la centrale et ceux qui sont appelés à intervenir. Depuis quelques années, les travailleurs et les organisations syndicales des industries et des centrales nucléaires alertent de plus en plus souvent l'opinion publique sur la dégradation de l'organisation et des conditions de travail. Il est impératif que soient revues les conditions dans lesquelles s'opèrent les arrêts de tranche pour maintenance, dont les organisations syndicales ont dénoncé le raccourcissement progressif pour gagner en production électrique. Et surtout que cesse le travail intérimaire, à la fois précaire et dangereux : tous les travailleurs intervenant sur les centrales nucléaires et soumis éventuellement à un risque radioactif doivent être dotés de contrats à durée indéterminée de la part de l'exploitant. C'est indispensable pour assurer leur suivi sanitaire comme pour leur garantir un emploi en cas de dépassement de dose leur interdisant de nouvelles interventions.

La situation actuelle accroît les risques pour les travailleurs, la pression pour la rentabilité, et les situations de dissimulation et de perte de confiance affaiblissent la sûreté de l'installation.

Le démantèlement des centrales et usines nucléaires

L'industrie nucléaire reste engagée dans une logique où la filière du démantèlement est gérée comme une activité secondaire – et souvent perçue comme une contrainte – par les exploitants eux-mêmes. D'une part, la stratégie de l'industrie nucléaire vis-à-vis du démantèlement conduit à ne pas mettre tous les moyens possibles dans cette activité au service du développement des meilleures compétences, aux dépens à la fois de la maîtrise des démantèlements auxquels cette industrie est confrontée et de sa place dans ce secteur à l'international. D'autre part, et surtout, la ligne suivie par le nucléaire français introduit une conditionnalité de la gestion du démantèlement des anciennes installations à l'exploitation des installations existantes, voire au développement de nouvelles, qui n'est ni acceptable sur le plan démocratique ni la meilleure garantie pour l'avenir.

Il est indispensable de réorienter les compétences et les ressources du secteur nucléaire français, en abandonnant le développement de nouvelles installations pour la création d'une véritable industrie du démantèlement.

Le premier intérêt de cette réorientation réside simplement dans une évaluation réaliste du potentiel qu'offre cette activité au niveau français et international. L'exemple du Royaume-Uni, où une agence nationale, la Nuclear Decommissioning Authority (NDA), a dû être créée en 2004 pour reprendre le passif des entreprises nucléaires et gérer le démantèlement et l'assainissement des sites, illustre cet enjeu. Le coût pour la gestion de l'héritage de dix réacteurs du type Magnox (filière comparable à la filière française uranium naturel-graphite-gaz des premières centrales nucléaires construites dans les années 1960), de deux centres de recherche nucléaire, d'un site de stockage de déchets faible activité, d'une usine de fabrication de combustible et des deux complexes nucléaires de Dounreay et surtout de Sellafield, est colossal. Régulièrement révisée à la hausse à mesure que l'inventaire des problèmes et l'identification des solutions à mettre en œuvre progressaient, la dernière estimation de la NDA, encore très incertaine, s'établit à plus de 100 milliards d'euros pour les cent prochaines années.

Le démantèlement, qui concerne au niveau mondial 125 réacteurs déjà fermés et 441 réacteurs en service dont la moitié au moins serait fermée dans les vingt prochaines années, ainsi que les nombreuses usines et installations de l'industrie des combustibles et des centres de recherche, représente donc un marché gigantesque. Sa réalisation est certaine, contrairement aux projections hypothétiques sur la relance du parc mondial. Et ce secteur pourrait, à l'international, s'avérer beaucoup plus rentable que celui des nouveaux réacteurs, accessible aux entreprises qui feront preuve les premières du savoir-faire indispensable. Areva s'est d'ailleurs placée sur ce marché en devenir *via* une participation à la gestion du site de Sellafield.

Construire ensemble la transition énergétique

Que l'on ne s'y trompe pas, la sortie du nucléaire décidée en Allemagne, en Suisse, en Belgique, le non-retour au nucléaire confirmé par un référendum en Italie, ne signifient pas seulement le rejet d'une technologie jugée trop dangereuse et non maîtrisable, mais le choix d'un avenir énergétique basé sur les principes de la transition énergétique que nous avons présentés.

Ces décisions qu'une partie de la classe dirigeante

française se plaît à brocarder s'inscrivent dans une ligne stratégique de politique énergétique mais aussi industrielle et économique. Ces pays ont bien l'intention de développer chez eux cette nouvelle politique mais aussi de prendre part à la révolution énergétique qui va se développer sur l'ensemble de la planète dans les années et les décennies qui viennent.

Le splendide isolement de la France risque de lui coûter cher. Et pourtant, ses potentiels d'économies d'énergie et d'énergies renouvelables sont considérables. Allié à l'Allemagne, aux pays nordiques, aux pays de la Méditerranée, notre pays a une partie majeure à jouer, dans toutes les villes, dans tous les territoires, dans une politique de coopération avec les pays émergents et les pays en développement, bien plus fructueuse et bien plus enthousiasmante que la monomanie nucléaire actuelle.

ANNEXE 1

Bilan électrique de la France

Bilan électrique 2009

	Total	Par habitant*
	TWh	kWh
PRODUCTION BRUTE, dont	541,7	8674
Renouvelables non thermiques	**69,6**	**1113**
Hydraulique, dont	61,6	986
Pompage	*4,6*	*74*
Géothermique	0	0
Éolien	7,8	124
Solaire	0,164	2,6
Thermiques, dont	**471,7**	**7554**
Nucléaire	409,7	6562
Fossile	56	896
ex-charbon	*27,7*	*444*
ex-pétrole	*5,9*	*95*
ex-gaz	*22,3*	*357*
Biomasse	6	96
Divers dont	**0,49**	**8**
Autoconsommation (1)	**– 23,8**	**– 382**
Production nette (2)	**517,8**	**8293**
Importations (3)	**19,2**	**308**
Exportations	**– 44,9**	**-719**
Consommation du pompage	**– 6,5**	**– 105**
Disponibilité intérieure (4)	**485,6**	**7776**
Pertes de transport et distribution	**– 32,5**	**– 520**

CONSOMMATION TOTALE (5)	**453,1**	**7 256**
Consommation secteur énergie	**28,9**	**463**
CONSOMMATION FINALE, dont :	**424,2**	**6 793**
Industrie	125,5	2 010
Transport	12,9	206
Résidentiel	159,4	2 553
Tertiaire	122,3	1 959
Agriculture	4,1	66

** France métropolitaine, y compris la Corse.*

(1) Autoconsommation : consommation d'électricité des centrales électriques.

(2) Production nette = production brute + autoconsommation (–).

(3) Importations : il s'agit des échanges physiques d'électricité (voir rapport d'activité de RTE pour l'année 2009).

(4) Disponibilité intérieure = Production nette + importations + exportations (–) + consommation du pompage (–).

(5) Consommation totale = Disponibilité intérieure + pertes de transport et distribution (–).

France, 2009. Puissances installées par filière (en MW)

Charbon	11 850	**Éolien**	4 521
Pétrole	9 825	**Solaire**	289
Gaz	4 709	**Biomasse**	911
Nucléaire	63 130		
Hydraulique	25 267	**TOTAL**	120 502

ANNEXE 2

Centrales et usines nucléaires en France

Classement par ordre alphabétique	Puissance nette (MW)	Année de Connexion réseau
Belleville 1	1 310	1987
Belleville 2	1 310	1988
Blayais 1	910	1981
Blayais 2	910	1982
Blayais 3	910	1983
Blayais 4	910	1983
Bugey 2	910	1978
Bugey 3	910	1978
Bugey 4	880	1979
Bugey 5	880	1979
Cattenom 1	1300	1986
Cattenom 2	1300	1987
Cattenom 3	1300	1990
Cattenom 4	1300	1991
Chinon B1	905	1982
Chinon B2	905	1983
Chinon B3	905	1986
Chinon B4	905	1987
Chooz B1	1 500	1996

Classement par année de connexion	Puissance nette (MW)	Année de connexion réseau
Fessenheim 1	880	1977
Fessenheim 2	880	1977
Bugey 2	910	1978
Bugey 3	910	1978
Bugey 4	880	1979
Bugey 5	880	1979
Dampierre 1	890	1980
Dampierre 2	890	1980
Gravelines 1	910	1980
Gravelines 2	910	1980
Gravelines 3	910	1980
Tricastin 1	915	1980
Tricastin 2	915	1980
Blayais 1	910	1981
Dampierre 3	890	1981
Dampierre 4	890	1981
Gravelines 4	910	1981
Saint-Laurent B1	915	1981
Saint-Laurent B2	915	1981

Chooz B2	1500	1997
Civaux 1	1495	1997
Civaux 2	1495	1999
Cruas 1	915	1983
Cruas 2	915	1984
Cruas 3	915	1984
Cruas 4	915	1984
Dampierre 1	890	1980
Dampierre 2	890	1980
Dampierre 3	890	1981
Dampierre 4	890	1981
Fessenheim 1	880	1977
Fessenheim 2	880	1977
Flamanville 1	1330	1985
Flamanville 2	1330	1986
Golfech 1	1310	1990
Golfech 2	1310	1993
Gravelines 1	910	1980
Gravelines 2	910	1980
Gravelines 3	910	1980
Gravelines 4	910	1981
Gravelines 5	910	1984
Gravelines 6	910	1985
Nogent 1	1310	1987
Nogent 2	1310	1988
Paluel 1	1330	1984
Paluel 2	1330	1984
Paluel 3	1330	1985
Paluel 4	1330	1986
Penly 1	1330	1990
Penly 2	1330	1992
Saint-Alban 1	1335	1985
Saint-Alban 2	1335	1986
Saint-Laurent B1	915	1981
Saint-Laurent B2	915	1981
Tricastin 1	915	1980
Tricastin 2	915	1980
Tricastin 3	915	1981
Tricastin 4	915	1981

Tricastin 3	915	1981
Tricastin 4	915	1981
Blayais 2	910	1982
Chinon B1	905	1982
Blayais 3	910	1983
Blayais 4	910	1983
Chinon B2	905	1983
Cruas 1	915	1983
Cruas 2	915	1984
Cruas 3	915	1984
Cruas 4	915	1984
Gravelines 5	910	1984
Paluel 1	1330	1984
Paluel 2	1330	1984
Flamanville 1	1330	1985
Gravelines 6	910	1985
Paluel 3	1330	1985
Saint-Alban 1	1335	1985
Cattenom 1	1300	1986
Chinon B3	905	1986
Flamanville 2	1330	1986
Paluel 4	1330	1986
Saint-Alban 2	1335	1986
Belleville 1	1 310	1987
Cattenom 2	1300	1987
Chinon B4	905	1987
Nogent 1	1310	1987
Belleville 2	1310	1988
Nogent 2	1310	1988
Cattenom 3	1300	1990
Golfech 1	1310	1990
Penly 1	1330	1990
Cattenom 4	1300	1991
Penly 2	1330	1992
Golfech 2	1 310	1993
Chooz B1	1 500	1996
Chooz B2	1 500	1997
Civaux 1	1495	1997
Civaux 2	1495	1999

Le parc nucléaire français est constitué de 19 centrales nucléaires, équipées de 58 réacteurs (34 réacteurs de 900 MW, 20 de 1300 MW et 4 de 1450 MW).

À chaque réacteur correspond une « tranche nucléaire », dont la puissance électrique nette est indiquée, ainsi que l'année de première connexion au réseau. Dans la partie gauche du tableau, les centrales sont classées par ordre alphabétique et dans la partie droite, elles le sont par année de couplage au réseau.

La puissance totale nucléaire installée est de 63 130 MW et la production totale brute était en 2009 de 409,7 TWh.

Centrales électronucléaires et installations nucléaires liées

Les réacteurs de production électronucléaire

La France possède 58 réacteurs en fonctionnement, exploités par EDF et répartis sur 19 sites de production, les centrales nucléaires. Ces réacteurs appartiennent à la filière à eau pressurisée (REP) qui utilise un combustible à l'uranium enrichi ; 20 d'entre eux fonctionnent toutefois avec un maximum de 30 % de combustible dit *mixed-oxides*, ou MOX, fabriqué à partir de plutonium issu du retraitement du combustible usé et d'uranium appauvri. La France compte également de nombreux réacteurs arrêtés et en cours de démantèlement, notamment de la filière uranium naturel, graphite, gaz (UNGG) et de celle des réacteurs à neutrons rapides (RNR), avec Phénix et Superphénix.

Les usines du cycle du combustible nucléaire

Areva réalise en France l'ensemble des transformations nécessaires à la fabrication du combustible à l'uranium, notamment sa conversion (Malvési, Pierrelatte), et son enrichissement (Tricastin). Elle met également en œuvre le retraitement du combustible irradié (la Hague) et la fabrication de combustible MOX (Marcoule).

Les centres d'études et recherches

Ils sont gérés par le CEA, notamment à Fontenay-aux-Roses, Saclay, Marcoule, et Cadarache pour ce qui concerne les activités civiles.

Les sites de stockage de déchets (hors entreposage sur les sites précédents),

Ils sont gérés par l'ANDRA, dont le site fermé du Centre de stockage de la Manche (CSM) et celui de l'Aube (CSA), tous deux dédiés aux déchets faiblement et moyennement radioactifs à vie courte. La France compte également plus de 200 anciens sites miniers d'uranium, dont 17 de stockage de résidus, tous gérés par Areva.

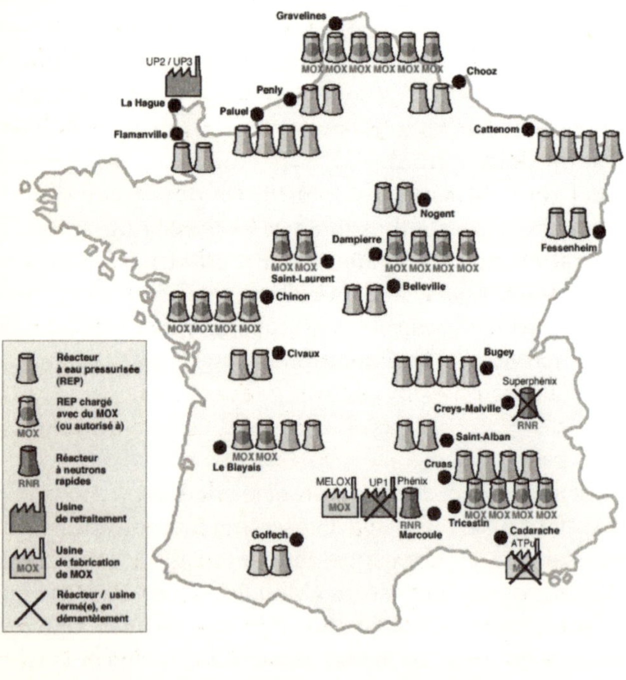

Source : Cahier de Global Chance *n° 29, mai 2011.*

ANNEXE 3

La radioactivité et ses effets

La radioactivité

La radioactivité est un phénomène physique naturel au cours duquel des noyaux atomiques instables se désintègrent en dégageant de l'énergie sous forme de rayonnements « alpha » ou « bêta » ou neutronique accompagnés d'une émission de rayonnement X, gamma ou d'électrons. Le terme « rayonnement » est utilisé pour ces différents types d'émissions.

Ces rayonnements qui vont transférer tout ou partie de leur énergie à la matière rencontrée sont :

- le rayonnement « alpha » : la particule émise (particule alpha) est un noyau d'hélium, formé de deux protons et de deux neutrons. Plusieurs particules alpha peuvent accompagner chaque désintégration ;
- le rayonnement neutronique : émission d'un neutron résultant de réactions nucléaires spontanées ou provoquées ;
- le rayonnement « bêta » : la particule émise (particule bêta) est un électron, ou parfois son antiparticule, le positon ;
- le rayonnement « gamma » : émission d'un photon, rayonnement électromagnétique de même nature que les rayons X mais à des fréquences beaucoup plus élevées et une énergie plus grande car l'énergie du gamma émis est proportionnelle à sa fréquence.

Quel que soit le mode de désintégration, le nombre de désintégrations par seconde est proportionnel au nombre d'atomes radioactifs présents. La constante de proportionnalité entre ceux qui sont présents et ceux qui disparaissent est la « constante radioactive ». On caractérise également la radioactivité d'un corps par la « demi-vie », improprement mais couramment appelée « période radioactive », qui est le temps au bout duquel le nombre d'atomes radioactifs restant est égal à la moitié du nombre initial. Les demi-vies connues s'étagent entre le milliardième de seconde et des milliards d'années.

Seuls existent dans la nature des éléments radioactifs à demi-vies très longues, de l'ordre de l'âge de l'univers (par exemple : uranium-238 avec 4,47 milliards d'années et le potassium 40 de 1,3 milliard d'années), et des noyaux plus instables constamment reformés à partir des précédents, dont le radium dont la demi-vie est de 1 600 ans.

Par contre, de nombreux éléments radioactifs, ou « radionucléides » peuvent être créés. On peut les obtenir en bombardant des éléments naturels par des particules provenant d'un réacteur nucléaire ou émises par des sources radioactives. Mais surtout, des quantités considérables d'éléments radioactifs sont produites comme « produits de fission » dans les réacteurs nucléaires.

Le becquerel (Bq) est l'unité de mesure de l'activité d'une source de rayonnements. 1 Bq correspond à une désintégration de noyau par seconde. Cette unité est très petite et on utilise couramment ses multiples, dont le térabecquerel (TBq : 10^{12} Bq ou mille milliards de becquerels).

Le becquerel a remplacé (1975) comme unité d'activité d'un corps radioactif le curie, encore parfois utilisé : le curie est l'activité d'un gramme de radium, soit 37 milliards de désintégrations de noyau par seconde.

Les effets de la radioactivité sur la matière vivante

L'action des rayonnements sur la matière se traduit par le phénomène d'ionisation, formation d'ions positifs ou négatifs lorsque des électrons sont arrachés de la couche périphérique des atomes. Un atome ionisé peut donner naissance à une transformation chimique de la molécule dont il est l'élément constitutif, il peut également créer dans les tissus des radicaux libres très actifs qui prolongent l'effet du rayonnement à d'autres molécules.

On caractérise l'action du rayonnement sur la matière par l'énergie absorbée dans le milieu irradié. On parle alors de « dose absorbée » et celle-ci est mesurée en gray (Gy) : le gray vaut 1 joule par kilogramme (l'ancienne unité était le rad : 1 Gy = 100 rad). On définit également le « débit de dose » lors d'une exposition durable qui correspond à l'énergie absorbée par kilogramme et par unité de temps et s'exprime en gray par seconde (Gy/s). Le gray est une unité très grande, aussi des sous-multiples sont utilisés comme le milligray ou le microgray (mGy ou µGy). Le milligray par heure (mGy/h) est une unité de débit de dose également utilisée en pratique.

Les rayonnements peuvent atteindre l'organisme humain de trois façons :

- *l'irradiation externe*, exposition du corps à des sources qui lui sont extérieures ;
- *la contamination interne*, incorporation de substances radioactives aux tissus vivants pouvant se faire par voie respiratoire (inhalation), digestive (ingestion) ou transcutanée (diffusion par la peau) ;
- *la contamination cutanée*, souillure de la peau par des substances radioactives. Dans certains cas, cette contamination franchit partiellement la barrière cutanée et provoque alors une contamination interne.

Les facteurs qui déterminent la gravité des dégâts causés sur les tissus vivants sont :
- la dose absorbée ;
- le débit de dose absorbée ;
- la nature du rayonnement ;
- la nature des tissus et organes irradiés.

En cédant de l'énergie à une quantité de matière, on délivre une dose de rayonnement *physiquement* mesurable. Si cette dose est délivrée à une personne, il est possible d'évaluer l'effet biologique néfaste de cette dose au moyen d'un *calcul*, faisant intervenir des coefficients de pondérations liés à la nature du rayonnement incident et aux types de tissus et organes atteints. Le sievert (Sv) est l'unité de dose biologique utilisée pour mesurer les effets sur le corps humain de cette absorption de rayonnement (alpha, bêta, gamma, X, neutron). La valeur en sieverts d'une dose de rayonnement est calculée à partir de l'intensité de la source de rayonnement *externe* à l'organisme ou de l'activité *incorporée* dans l'organisme (exprimée en becquerels) par voie respiratoire ou digestive.

Les limites « admissibles » de doses pour les travailleurs et la population

La réglementation française fixe, pour les personnes du public, à 1 millisievert par an (1 mSv/an) la dose efficace maximale admissible résultant des activités humaines, en dehors de la radioactivité naturelle, et des doses reçues en médecine. Les limites de doses équivalentes pour le cristallin et pour la peau sont fixées respectivement à 15 mSv/an et à 50 mSv/an.

La limite de 1 mSv/an concerne le public en général. Pour les personnes qui travaillent avec des radiations ionisantes, la limite est de 100 mSv pour un ensemble de cinq années consécutives (en pratique 20 mSv/an), le maximum pour une année ne devant pas dépasser 50 mSv.

Les principaux produits de fission radioactifs dans les combustibles des réacteurs nucléaires

La grande majorité des produits de fission radioactifs sont à vie courte ou moyenne. Pour la gestion des déchets radioactifs, on parle de vie courte quand la période d'un radioélément est inférieure à cinq ans, et de vie moyenne lorsque celle-ci est comprise entre cinq et cent ans. Ces durées sont à comparer au temps de séjour du combustible dans les réacteurs, en principe trois ans. Quand la demi-vie est très courte – par exemple quelques jours –, une grande partie des noyaux radioactifs auront retrouvé la stabilité quand le combustible irradié sera sorti du cœur. Ne seront présents à un instant donné que les noyaux fraîchement produits. Par contre, si la demi-vie est de l'ordre de quelques années, les noyaux radioactifs s'accumuleront car ils n'auront pas eu le temps de disparaître.

Des exemples de produits de fission à très courte vie sont le xénon-135 (de demi-vie 8 heures) et l'iode-131 (de demi-vie huit jours). Le premier est un poison pour la bonne marche du réacteur s'il s'accumule en trop grande quantité. Le second a fait partie des produits de fission frais qui ont été relâchés lors de l'accident de Tchernobyl. Cet élément très mobile (il est volatil) et radioactif a constitué le principal danger immédiatement après l'accident. Dans le cas de Tchernobyl, on estime que 10 % des produits de fission présents dans le réacteur se sont retrouvés dans l'atmosphère.

Les produits de fission à vie moyenne les plus dangereux sont le césium-137 (demi-vie de trente ans) et le strontium-90 (demi-vie de vingt-huit ans). Ils représentent la source principale de contamination due à l'accident de Tchernobyl.

Les produits de fission sont responsables de pratiquement toute la radioactivité des combustibles irradiés sortis des réacteurs : 99,5 % de l'activité bêta et gamma, 97,6 % de l'activité alpha. Cette activité, qui est très forte, s'élève à environ 2,5 millions de curies (7×10^{16} becquerels) par tonne d'assemblage de combustible irradié.

C'est pour se protéger de cette radioactivité et la laisser décroître que l'on entrepose quelques années en piscine ces assemblages, d'abord à proximité du réacteur puis, en cas de retraitement, dans une piscine de l'usine de retraitement. L'entreposage en piscine a aussi pour objet d'évacuer la chaleur dégagée.

Après avoir énormément décru pendant les cinq cents premières années, la radioactivité des produits de fission atteint un palier qui durera des centaines de milliers d'années, c'est-à-dire le temps nécessaire aux éléments à vie longue pour disparaître à leur tour. Les principaux éléments à vie longue sont le zirconium-93, le technétium-99, le palladium-107, l'iode-129, le césium-135, et le neptunium-237.

Des noyaux lourds radioactifs au-delà de l'uranium

À côté des produits de fission, d'autres éléments contribuent à la radioactivité du cœur des centrales nucléaires et des combustibles irradiés usés : ce sont les « actinides ». Ces noyaux « transuraniens », plus lourds que l'uranium, sont générés par des captures de neutrons qui ne sont pas suivies de fissions. Les actinides tirent leur nom de l'actinium ($Z = 89$), un métal lourd qui précède de peu l'uranium dans la table de Mendeleïev car ils possèdent des propriétés chimiques voisines. L'uranium, qui existe à l'état naturel, est aussi un actinide.

L'actinide produit le plus abondamment est le plutonium, avec en tête son principal isotope, le plutonium-239. Les réacteurs génèrent aussi, en quantité moindre, d'autres actinides qui sont appelés « mineurs » pour cette raison. Les principaux sont le neptunium-237, les américiums-241 et 243 et les curiums-244 et 245.

La production d'actinides mineurs est faible par rapport

à celle des produits de fission et du plutonium. Le combustible usé d'un gros réacteur à eau pressurisée de 1 300 MW contient en décharge annuelle : 33 t d'uranium enrichi à 0,9 %, 360 kg de plutonium, 1,2 t de produits de fission et 27 kg d'actinides mineurs. Parmi ces 27 kg, on retrouve 14 kg de neptunium, 12 kg d'américium et 1 kg de curium.

La radioactivité du plutonium et des actinides mineurs est petite, en sortie de réacteur, par rapport à celle des produits de fission. Mais les actinides possèdent des durées de vie longues contrairement à la majorité des produits de fission et ces durées de vie posent un problème pour le stockage à long terme des déchets radioactifs. Au bout d'environ deux cents ans, l'activité et la toxicité potentielle des actinides l'emportent sur celles des produits de fission.

D'autre part, ces noyaux lourds sont également des émetteurs alpha, plus radiotoxiques en cas d'ingestion que les produits de fission qui émettent des électrons bêta : la dissémination du plutonium, en cas d'accident majeur sur un réacteur nucléaire ou des piscines de stockage des combustibles irradiés, constitue un risque considérable.

Le plutonium

Le plutonium est un élément chimique de numéro atomique 94 et de symbole « Pu » qui n'existe dans la nature (au sein du minerai d'uranium) qu'en quantités infimes et qui est produit en quantités importantes dans le cœur des réacteurs nucléaires, à partir de l'uranium (numéro atomique 92 et symbole U).

Le plutonium produit dans les réacteurs est constitué d'un ensemble d'isotopes. Les uns, Pu-239, Pu-240, Pu-241, Pu-242, Pu-243 sont produits à partir de la capture d'un neutron par un noyau d'U-238 et les isotopes Pu-236 et Pu-238 sont produits à partir de l'U-235. Comme l'U-235, le Pu-239 et le Pu-241 sont fissiles et contribuent à la réaction en chaîne dans le réacteur au fur et à mesure de leur création.

Du fait du rôle principal du Pu-239 fissile, on oublie généralement les autres isotopes. Dans le cas d'un réacteur à eau et uranium enrichi, le Pu-239 représente en poids 59 % du plutonium contenu dans le combustible usé et le Pu-241, 11 %, ce qui porte à 70 % la proportion d'isotopes fissiles, soit plus des deux tiers du plutonium total. Si le Pu-239 est sur le plan « pondéral » l'isotope majeur du plutonium produit dans le réacteur, il n'en va pas de même en termes de charge radioactive.

Tous les isotopes et composés du plutonium sont toxiques et radioactifs. La radioactivité d'une quantité de plutonium dépend de sa composition en différents isotopes, chacun ayant une demi-vie différente et un type différent d'émission de particules (les isotopes du plutonium sont des émetteurs alpha à 100 % à l'exception du plutonium-241 qui est un émetteur bêta pratiquement pur). Ainsi, le Pu-239 a une demi-vie de 24 110 ans, tandis que celle de Pu-241 est de 14,4 ans et celle de Pu-238 de 87,7 ans.

Dans le plutonium couramment produit dans les réacteurs des centrales nucléaires, la radioactivité provient surtout de Pu-241 (émetteur « bêta ») et de Pu-238 (émetteur « alpha »). De plus, le plutonium-241 se transforme en américium-241, émetteur « alpha » de 433 ans de demi-vie. L'activité massique très élevée du plutonium-238 produit, par absorption des « alpha » dans le combustible, un fort dégagement de chaleur.

Si des particules de plutonium sont inhalées ou ingérées, elles irradient directement les organes où elles se sont déposées : le poumon dans le cas d'une inhalation et dans le cas d'une ingestion le foie et les surfaces osseuses notamment. La période biologique du plutonium est très longue car l'élimination de 50 % de la charge de l'organisme nécessiterait 100 ans environ. Il peut donc affecter l'ADN et provoquer des cancers.

Pour ces raisons, les installations industrielles traitant du plutonium (usines de retraitement, usines de fabrication de combustibles au plutonium, transports de plutonium) nécessitent des barrières de protection épaisses (béton, hublots épais…) pour se protéger des émissions de rayonnements « gamma » et « neutrons » (neutrons qui proviennent des réactions nucléaires dans l'oxyde de plutonium qui est la matière ouvragée).

En termes de radioprotection, la limite de dose annuelle, fixée par les autorités de radioprotection pour le public (1 millisievert/an), peut se traduire en limite d'incorporation du plutonium par voie respiratoire ou digestive. Ce calcul donne, pour un adulte du public exposé à l'inhalation de Pu-239, environ 1/100e de millionième de gramme (1/100e de microgramme).

Un combustible MOX neuf est composé d'environ 7 % de plutonium issu du retraitement des combustibles irradiés et de 93 % d'uranium appauvri. L'activité « alpha et bêta » du MOX est complètement dominée par celle du plutonium. L'activité « alpha » est, elle, dominée par celle du Pu-238, tandis que l'activité totale est essentiellement constituée par l'activité bêta du Pu-241. L'activité de un kilo de MOX (environ 30,7 TBq) est de l'ordre de un million de fois plus importante que celle de un kilo d'uranium naturel (environ 2,5 10^{-5} TBq).

Table

Le Seuil s'engage pour la protection de l'environnement

Ce livre a été imprimé chez un imprimeur labellisé Imprim'Vert, marque créée en partenariat avec l'Agence de l'Eau, l'ADEME (Agence de l'Environnement et de la Maîtrise de l'Énergie) et l'UNIC (Union Nationale de l'Imprimerie et de la Communication).
La marque Imprim'Vert apporte trois garanties essentielles :

- la suppression totale de l'utilisation de produits toxiques ;
- la sécurisation des stockages de produits et de déchets dangereux ;
- la collecte et le traitement des produits dangereux.

RÉALISATION : PAO ÉDITIONS DU SEUIL
IMPRESSION : CORLET IMPRIMEUR S.A. À CONDÉ-SUR-NOIREAU
DÉPÔT LÉGAL : OCTOBRE 2011. N° 105919 (140186)
Imprimé en France